新版
大学生の化学
Introduction

佐藤光史 監修

髙見知秀・徳永 健・永井裕己・桒村直人 共著

培風館

元素の周期表

アルカリ金属　アルカリ土類金属　遷移金属　他の金属　非金属　希ガス

金属　半金属

	1	2	3	4	5	6	7	8	9	10	11	12	13	14	15	16	17	18
1	1 H 水素 ロケット燃料																	2 He ヘリウム 風船
2	3 Li リチウム リチウムイオン電池	4 Be ベリリウム バネ											5 B ホウ素 耐熱ガラス	6 C 炭素 木炭	7 N 窒素 冷却材	8 O 酸素 助燃剤	9 F フッ素 フッ素樹脂	10 Ne ネオン ネオンサイン
3	11 Na ナトリウム 食塩	12 Mg マグネシウム 戦車											13 Al アルミニウム 1円硬貨	14 Si ケイ素 半導体	15 P リン マッチ	16 S 硫黄 パーマ液	17 Cl 塩素 漂白剤	18 Ar アルゴン 蛍光灯
4	19 K カリウム 肥料	20 Ca カルシウム 牛乳	21 Sc スカンジウム 軽量フレーム	22 Ti チタン 航空機エンジン	23 V バナジウム 超電導磁石	24 Cr クロム ステンレス鋼	25 Mn マンガン 乾電池	26 Fe 鉄 鋼	27 Co コバルト 絵具	28 Ni ニッケル 5セント硬貨	29 Cu 銅 電線	30 Zn 亜鉛 真鍮	31 Ga ガリウム スーパーコンピュータ	32 Ge ゲルマニウム トランジスタ	33 As ヒ素 半導体	34 Se セレン コピー機	35 Br 臭素 写真感光材	36 Kr クリプトン ストロボ
5	37 Rb ルビジウム ブンゼンバーナー	38 Sr ストロンチウム 花火（赤）	39 Y イットリウム 酸化物超電導	40 Zr ジルコニウム セラミックス包丁	41 Nb ニオブ 超電導磁石	42 Mo モリブデン モリブデン鋼	43 Tc テクネチウム 骨イメージング剤	44 Ru ルテニウム ハードディスク磁性層	45 Rh ロジウム 反射鏡	46 Pd パラジウム 銀歯	47 Ag 銀 食器	48 Cd カドミウム ニッカド電池	49 In インジウム 液晶ディスプレイ	50 Sn スズ 合金	51 Sb アンチモン 朱肉	52 Te テルル DVD-RAM	53 I ヨウ素 ヨードチンキ	54 Xe キセノン ヘッドライト
6	55 Cs セシウム 衛星	56 Ba バリウム 造影剤	ランタノイド	72 Hf ハフニウム 原子炉制御棒	73 Ta タンタル 人工骨	74 W タングステン フィラメント	75 Re レニウム 高温熱伝対	76 Os オスミウム 万年筆	77 Ir イリジウム コンパス	78 Pt 白金 装飾品	79 Au 金 集積回路	80 Hg 水銀 温度計	81 Tl タリウム 心筋血液検査	82 Pb 鉛 鉛蓄電池	83 Bi ビスマス 高温超電導	84 Po ポロニウム ボイジャー探索機	85 At アスタチン 放射線治療	86 Rn ラドン 地下水調査
7	87 Fr フランシウム 研究のみに利用	88 Ra ラジウム 放射線治療	アクチノイド	104 Rf ラザホージウム 研究のみに利用	105 Db ドブニウム 研究のみに利用	106 Sg シーボーギウム 研究のみに利用	107 Bh ボーリウム 研究のみに利用	108 Hs ハッシウム 研究のみに利用	109 Mt マイトネリウム 研究のみに利用	110 Ds ダームスタチウム 研究のみに利用	111 Rg レントゲニウム 研究のみに利用	112 Cn コペルニシウム 研究のみに利用	113 Nh ニホニウム 研究のみに利用	114 Fl フレロビウム 研究のみに利用	115 Mc モスコビウム 研究のみに利用	116 Lv リバモリウム 研究のみに利用	117 Ts テネシン 研究のみに利用	118 Og オガネソン 研究のみに利用

ランタノイド	57 La ランタン 水素貯蔵合金	58 Ce セリウム サングラス	59 Pr プラセオジウム 溶接用ゴーグル	60 Nd ネオジム 永久磁石	61 Pm プロメチウム グローランプ	62 Sm サマリウム サマリウム磁石	63 Eu ユウロピウム ブラウン管	64 Gd ガドリニウム MOディスク	65 Tb テルビウム 印字ヘッド	66 Dy ジスプロシウム 蛍光塗料	67 Ho ホルミウム レーザーメス	68 Er エルビウム 色ガラス	69 Tm ツリウム 光ファイバー	70 Yb イッテルビウム コンデンサ	71 Lu ルテチウム PET装置
アクチノイド	89 Ac アクチニウム 研究のみに利用	90 Th トリウム 合金	91 Pa プロトアクチニウム 研究のみに利用	92 U ウラン 核燃料	93 Np ネプツニウム プルトニウム製造	94 Pu プルトニウム プルサーマル燃料	95 Am アメリシウム イオン化式煙探知機	96 Cm キュリウム ペースメーカー	97 Bk バークリウム 研究のみに利用	98 Cf カリホルニウム 原子炉の中性子源	99 Es アインスタイニウム 研究のみに利用	100 Fm フェルミウム 研究のみに利用	101 Md メンデレビウム 研究のみに利用	102 No ノーベリウム 研究のみに利用	103 Lr ローレンシウム 研究のみに利用

THE PERIODIC TABLE

Alkali Metals | Alkaline Earth Metals | Transition Metals | Other Metals | Nonmetals | Noble Gases | Metal | Metalloid

	1	2	3	4	5	6	7	8	9	10	11	12	13	14	15	16	17	18
1	1 H Hydrogen 1.0079																	2 He Helium 4.0026
2	3 Li Lithium 6.941(2)	4 Be Beryllium 9.0121											5 B Boron 10.811(7)	6 C Carbon 12.0107	7 N Nitrogen 14.0067	8 O Oxygen 15.9994	9 F Fluorine 18.9984	10 Ne Neon 20.1797
3	11 Na Sodium 22.9897	12 Mg Magnesium 24.3050											13 Al Aluminum 26.9815	14 Si Silicon 28.0855	15 P Phosphorus 30.9737	16 S Sulfur 32.065(5)	17 Cl Chlorine 35.453(2)	18 Ar Argon 39.948(1)
4	19 K Potassium 39.0983	20 Ca calcium 40.0780	21 Sc Scandium 44.9559	22 Ti Titanium 47.867(1)	23 V Vanadium 50.9415	24 Cr Chromium 51.9961	25 Mn Manganese 54.9380	26 Fe Iron 55.845(2)	27 Co Cobalt 58.9332	28 Ni Nickel 58.6934	29 Cu Copper 63.546(3)	30 Zn Zinc 65.409(4)	31 Ga Gall 69.723(1)	32 Ge Germanium 72.64(1)	33 As Arsenic 74.9216	34 Se Selenium 78.960	35 Br Bromine 79.904(1)	36 Kr Krypton 83.7980
5	37 Rb Rubidium 85.4678	38 Sr Strontium 87.620	39 Y Yttrium 88.9058	40 Zr Zirconium 91.2240	41 Nb Niobium 92.9063	42 Mo Molybdenum 95.94(1)	43 Tc Technetium [98]	44 Ru Ruthenium 101.070	45 Rh Rhodium 102.9055	46 Pd Palladium 106.4200	47 Ag Silver 107.8682	48 Cd Cadmium 112.4110	49 In Indium 114.8180	50 Sn Tin 118.710	51 Sb Antimony 121.760	52 Te Tellurium 127.600	53 I Iodine 126.9044	54 Xe Xenon 131.2930
6	55 Cs Cesium 132.9054	56 Ba Barium 137.3270	Lanthanoid 57～71	72 Hf Hafnium 178.490	73 Ta Tantalum 180.9479	74 W Tungsten 183.840	75 Re Rhenium 186.2070	76 Os Osmium 190.230	77 Ir Iridium 192.2170	78 Pt Platinum 195.0780	79 Au Gold 196.9665	80 Hg Mercury 200.590	81 Tl Thallium 204.3833	82 Pb Lead 207.200	83 Bi Bisnuth 208.9803	84 Po Polonium [209]	85 At Asthatine [211]	86 Rn Radon [222]
7	87 Fr Francium [223]	88 Ra Radium [226]	Actinoid 89～103	104 Rf Rutherfordium [267]	105 Db dubnium [268]	106 Sg Seaborgium [271]	107 Bh Bohrium [272]	108 Hs Hassium [277]	109 Mt Meitnerium [276]	110 Ds Darmstadtium [281]	111 Rg Roentgenium [280]	112 Cn Copernicium [285]	113 Nh Nihonium [278]	114 Fl Flerovium [289]	115 Mc Moscovium [289]	116 Lv Livermorium [293]	117 Ts Tennessine [293]	118 Og Oganesson [294]

Lanthanoid 57～71	57 La Lanthanum 138.9055	58 Ce Cerium 140.1160	59 Pr Praseodymium 140.9076	60 Nd Neodymium 144.240	61 Pm Promethium [145]	62 Sm Samarium 150.360	63 Eu Europium 151.9640	64 Gd Gadolinium 157.250	65 Tb Terbium 158.9253	66 Dy Dysprosium 162.500	67 Ho Holmium 164.9303	68 Er Erbium 167.2590	69 Tm Thulium 168.9342	70 Yb Ytterbium 173.0400	71 Lu Lutetium 174.9670
Actinoid 89～103	89 Ac Actinium [227]	90 Th Thorium 232.0381	91 Pa Protactinium 231.0358	92 U Uranium 238.0289	93 Np Neptunium [237]	94 Pu Plutonium [239]	95 Am Americium [243]	96 Cm Curium [247]	97 Bk Berkelium [247]	98 Cf Californium [252]	99 Es Einsteinium [252]	100 Fm Fermium [257]	101 Md Mendelevium [258]	102 No Nobelium [259]	103 Lr Lawrencium [262]

まえがき

化学は，物質の変化を扱う科学の一体系である。自然界の法則や多様性を理解する基礎的な面だけでなく，さまざまな分野と融合しつつ得た研究成果を駆使して，生活や生命の質の向上に貢献し続けている重要な学問である。この観点から，工学部などのように応用的な学問分野の学生にとっても，その基本的な考え方や役割への理解は不可欠である。

このテキストは，化学で使う用語の定義を大切にした。多くの初学者は，各用語がもつ意味を考えるよりも，丸暗記してわかった気になる傾向がある。眼の前にある目標への到達を急がす風潮が，高校までの実験への取組みを限られたものとさせており，物質の多様性を扱う化学の発展やその応用にとって，致命的な落とし穴となっている。実験を通して得られたさまざまな法則や経験則も，言葉で表現されて検証できる対象となる。さらに，得られた知見を応用に発展させるためには，言葉の理解なくして成り立たない。実験で使う機器類に内蔵された制御コンピュータが何らかの応えを返す時代にあって，どのような条件の下で起きる現象か，あるいはどういう背景で考えだされた理論なのかといった，素朴な疑問がすみに追いやられてしまう傾向がある。

そこで，本書は高校で化学を十分に学ぶ機会の得られなかった新入生でも，自習で理解を深められるように配慮した。抽象的なために理解が中途半端になりがちな現代的な原子の捉え方については，丁寧さを心がけてかなりの紙数を割いた。また，化学実験で扱う内容のいくつかについて，ガイダンスとなる原理などを含めた。化学を専攻する学生は，自習でどんどん読み進んで用語の意味を再確認し，基礎の重要性を認識してほしい。必要があれば，併設されている基礎演習科目で，教員や TA と一緒に解法を熟慮すると理解が一層深まる。なお，この教科書の演習問題は，Fundamental Engineer や SAT の試験レベルを念頭にしており，解答を含んでいない。まずは自力で取り組むことが最重要である。

大学教育における国際化が急務と言われて久しい。一方，日本の化学研究者が英語で論文を書き，若い研究者による国際学会発表もますます盛んである。では，このような国際化に興味を抱いているのは，限られた研究者だけであろうか。本書では，重要な化学用語の英語や索引に簡体中文を併記し，授業で紹介できるようにした。このような授業展開方法は，本学の日本人学生の興味喚起に有効なだけでなく，留学生にとっても好評である。化学英語のような専門科目の設置や成書も発刊されており，このような小著が果たす役割はごくわずかである。しかし，化学以外の専門を学ぶ学生こそが，大学生の化学を身につけて教養を豊かにし，国際化に慣れ親しむために興味をもって取り組むことを期待する。何よりも，日本的な科学技術の文化を世界に紹介するきっかけになれば幸いである。

最後に，遅筆な筆者の原稿をお待ちくださり，本書の出版に終始ご協力をいただいた株式会社培風館の斉藤淳氏と編集に尽力された江連千賀子氏に厚く御礼を申し上げる。また，本書のコンセプトに賛同し，協力してくれた学生や留学生諸君に感謝する。

2013 年 3 月

著 者 一 同

新版の発刊にあたって

「大学生の化学—Introduction」は，理工系大学の初年次生をおもな対象とする化学の教科書として，初版が2013年に出版された。2年後の2015年には，国連総会において17の目標からなるSDGs（Sustainable Development Goals）が採択されて広く国際社会に浸透し，一般市民にとっても重要性を増すとともに，理工系大学生の多くが将来活躍する企業の活動においても，不可欠な目標と認識されるようになった。

世界には解決すべき数々の困難な課題が生じており，近い将来に解決することが求められている。これらの課題に立ち向かうためのSDGsは，カーボンニュートラルに代表されるように，化学の役割が極めて大きい地球規模での共通目標である。理工系大学生は，自らがその解決を担う貴重な人材であることを理解して社会での活躍を目指すとともに，自らの貢献が国際社会でも高く評価されることを自覚して学習に取り組むことを期待している。

さて，2022年に高等学校学習指導要領が10年ぶりに大幅改訂され，社会や日常生活との関連を重視しながら，学ぶことへの関心を高めたり有用性を実感したりしながら，観察や実験を通した科学的な探究を行う学習活動の充実で学習の質の向上を図り，さらに創造性豊かな人材育成を目指すことを目的に，「探究」を主題とする2科目が理科に新設された。また，化学用語や内容についても，国際的な通用性をより高める方向に改革されたことは評価に値する。また，専門的な視点からこれらの改革について検討を継続し，大きな貢献をしている日本化学会にこの機会を借りて敬意を記します。

このような新課程で学んだ理工系大学生が，自然に対する探求に根ざして発展してきた化学の基礎力を得るのみならず，化学をより身近に感じられるようにSDGsのいくつかの目標についての化学的な切口からの解説や，高校生による探究活動の成果も新版では紹介する。また，化学の基礎概念をより深く理解し，自ら考える力を養うために，旧版では採用しなかった例題を随所に用意した。その直後に配した演習問題や別冊の「大学と高校を結ぶ化学基礎演習」に自ら取り組むことによって，化学の基礎力をさらに強化できるだろう。これら演習問題の解答例は，出版社のホームページ(下記URL)からダウンロードして活用してほしい。なお，日本語が未熟な留学生は，その点を強く配慮した旧版の参照をお勧めするが，旧版の出版以降に改訂された定義などがあることに十分な注意が必要である。

この新版が，SDGsと探究活動を見据えた大学初年次生と化学初学者の教科書として少しでも良書となるために，多くの皆様からの貴重なご意見をお待ちしている。また，培風館の斉藤淳様と江連千賀子様には，新版の出版にあたっても特に世話になった。ここに心より感謝申し上げる。

2024年10月

著 者 一 同

培風館のホームページ

http://www.baifukan.co.jp/shoseki/kanren.html

目　　次

I 編　物質と成り立ち

II 編 物質の状態と変化

III 編 物質の化学変化

Ⅳ 編　有機化学の基礎

コラム

I 編

物質と成り立ち

1-1　SI単位・有効数字

1-1-1　SI 単 位

国際単位系は**SI単位系**[1]ともいわれ，1954年の国際度量衡総会において採択された世界共通の単位系である。表1に**SI基本単位**[2]，表2に**SI接頭語**[3]，表3に**SI組立単位**[4]を示す。

表 1: SI基本単位

	記号 (symbol)	単位 (units)
長さ (length)	L	m (meter)
質量 (mass)	M	kg (kilogram)
時間 (time)	T	s (second)
電流 (electric current)	I	A (ampere)
温度 (thermodynamic temperature)	Θ	K (kelvin)
物質量 (amount of substance)	N	mol (mole)
光度 (luminous intensity)	J	cd (candela)

表 2: SI接頭語

因子 (factor)	接頭語 (prefix)	記号 (symbol)	因子 (factor)	接頭語 (prefix)	記号 (symbol)
10^{18}	エクサ (exa)	E	10^{-1}	デシ (deci)	d
10^{15}	ペタ (peta)	P	10^{-2}	センチ (centi)	c
10^{12}	テラ (tera)	T	10^{-3}	ミリ (milli)	m
10^{9}	ギガ (giga)	G	10^{-6}	マイクロ (micro)	μ
10^{6}	メガ (mega)	M	10^{-9}	ナノ (nano)	n
10^{3}	キロ (kilo)	k	10^{-12}	ピコ (pico)	p
10^{2}	ヘクト (hecto)	h	10^{-15}	フェムト (femto)	f
10^{1}	デカ (deca)	da	10^{-18}	アト (atto)	a

表 3: SI組立単位の例

	単位 (units)	名称 (name)	
面積 (area)	m^2	平方メートル	square meters
体積 (volume)	m^3	立方メートル	cubic meters
速さ・速度 (velocity)	m/s	メートル毎秒	meter per second [5]

物理や化学で用いる量 (物理量，化学量という) は，数値と単位の積から成り立つ。したがって，物理量・化学量の意味は，その単位から知ることができる。ただし，比重や原子量のように，同じ単位をもつ量を基準にして比で表すときには，数値のみからなる無名数 (無次元量) になる。

1-1-2 次元解析

物理量や化学量間の関係を表す式は，両辺の単位の次元が等しくなければならない。このことを利用すると，式の妥当性を導くことができ，その手続きを次元解析という。

【電気素量 (陽子 1 個がもつ電気量) から，陽子 **1 mol** あたりの電気量を求める】

$$\frac{1.602 \times 10^{-19}\mathrm{C}}{1\,\text{個}} \times \frac{6.022 \times 10^{23}\text{個}}{1\,\mathrm{mol}} = 9.647 \times 10^{4}\ \mathrm{C/mol} \qquad \text{(ファラデー定数)}$$

【ボーア半径の単位を確かめる】

$$a_0 = \frac{\varepsilon_0 h^2}{\pi m_{\mathrm{e}} e^2} = \frac{\mathrm{F/m} \times (\mathrm{J{\cdot}s})^2}{\mathrm{kg} \times \mathrm{C}^2} = \mathrm{m} \qquad \text{(長さ)}$$

a_0 = ボーア半径 (m)，ε_0 = 真空中の誘電率 (F/m または $\mathrm{s^4{\cdot}A^2/(m^3{\cdot}kg)}$)，
h = プランク定数 ($\mathrm{J{\cdot}s = m^2{\cdot}kg/s}$)，$m_{\mathrm{e}}$ = 電子の静止質量 (kg)，
e = 電気素量 (C)

1-1-3 有効数字

有効数字は，ある量が何桁 (有効桁[6]) の信頼性をもつかを示す。実験や測定の精度を示すために重要である。下記の矢印左側の表記は，不適切である。電子の質量の例では，累乗[7] 表記 (指数表記) の大切さも理解できる。累乗表記で $m \times 10^n$ と表す場合，通常は，m の範囲は $1 \leq m < 10$，n は整数である。

アボガドロ定数

602,000,000,000,000,000,000,000/mol (24 桁) → 6.02×10^{23}/mol (3 桁)

電子の質量

0.00000000000000000000000000000091094 kg (5 桁) → 9.1094×10^{-31} kg (5 桁)

例題 1-1 次の数値を SI 接頭語を用いて表せ。

(1) $1.34 \times 10^{-13}\,\mathrm{s}$ (2) $2.4 \times 10^{8}\,\mathrm{Pa}$

解答 $10^{(3\text{ の倍数})}$ で区切って考えるとよい。

(1) $1.34 \times 10^{-13}\,\mathrm{s} = 1.34 \times 10^{-1} \times 10^{-12}\,\mathrm{s} = 0.134 \times 10^{-12}\,\mathrm{s} = 0.134\,\mathrm{ps}$
となる。別の表し方として，$1.34 \times 10^{-13}\,\mathrm{s} = 1.34 \times 10^{2} \times 10^{-15}\,\mathrm{s} = 134 \times 10^{-15}\,\mathrm{s} = 134\,\mathrm{fs}$ と書くこともできる。

(2)　$2.4 \times 10^8\,\mathrm{Pa} = 2.4 \times 10^{-1} \times 10^9\,\mathrm{Pa} = 0.24 \times 10^9\,\mathrm{Pa} = 0.24\,\mathrm{GPa}$ となる。$2.4 \times 10^8\,\mathrm{Pa} = 2.4 \times 10^2 \times 10^6\,\mathrm{Pa} = 240 \times 10^6\,\mathrm{Pa} = 240\,\mathrm{MPa}$ と書くと，有効桁数が 2 桁から 3 桁に変わってしまうため，不適切である。

演習問題 1-1

1.1　次の物理量を SI 基本単位または SI 組立単位で示せ。

(1) 8 mm　(2) 5.4 g　(3) 50 mL　(4) 80.5°C[8]　(5) $0.6\,\mathrm{dm}^3$　(6) $0.8\,\mathrm{g/cm}^3$

1.2　気体定数 R は，圧力を atm，体積を dm^3，温度を K の単位で表すと，$R = 0.082$ $\mathrm{atm{\cdot}dm^3/(mol{\cdot}K)}$ である。圧力を Pa (パスカル) 単位に変えたときの気体定数 R を求めよ[9]。

1.3　有効数字について，次の問いに答えよ。

1. 四捨五入で次の数値を求めたとき，これらの数値になる範囲を不等号で示せ。

(1) 25　(2) 18.2　(3) 7.86×10^{-2}

2. 次の数値の有効桁数を求めよ。

(1) 345.6　(2) 0.002　(3) 68.0　(4) 2.0001　(5) 4×10^3　(6) 7.00×10^4

3. 有効数字を考慮して計算し，矢印の右側に示した単位で求めよ[10]。

(1) $8.45\ \mathrm{m} - 8.40\ \mathrm{m} \rightarrow \mathrm{m}$　(2) $4.642\ \mathrm{g} + 58\ \mathrm{mg} \rightarrow \mathrm{g}$

(3) $13.6\ \mathrm{m}^2 \times 0.004\ \mathrm{m} \rightarrow \mathrm{m}^3$　(4) $67.0\ \mathrm{cm}^3 \div 563\ \mathrm{cm} \rightarrow \mathrm{cm}^2$

1.4　有効数字を考慮して，次の問いに答えよ。

1. エタノール 5.00 g の体積は，25°C において $6.38\,\mathrm{cm}^3$ である。この温度におけるエタノールの密度を求めよ。

2. アルミニウムの密度は，$2.70\,\mathrm{g/cm}^3$ (室温) である。質量が 14.2 g のアルミニウムの室温での体積を求めよ。

注釈

1)　フランス語 (Le Système International d'Unités) の語順を用いて SI と表記される。
2)　これら固有の 7 種類のみである。
3)　10^3 ごとに与えられている。漢数詞の接頭語は，万の桁から 10^4 ごとに変化する。
4)　SI 単位の積または商である。
5)　(m/s) meter second inverse とも読む。
6)　有効桁は，上位桁から下位桁に向かって，0 でない数字が現れてから何桁有効かを数える。
7)　べき乗ともいう。
8)　絶対零度，$0\,\mathrm{K} = -273.15$°C である。
9)　1.000 atm (1 気圧) = 101.3 kPa = 1013 hPa である。 Blaise Pascal (1623–1662) にちなむ名称。
10)　加減は，小数点以下の最上位桁に揃える。乗除は，有効桁の小さい数値の桁に揃える。揃えるときは，四捨五入する。

1-2　純物質と混合物

1-2-1　純 物 質

純物質には，1種類の元素だけからなる単体と，2種類以上の元素から構成されている化合物がある。身のまわりの物質は混合物であることが多い。図1に物質の分類と例を示す。

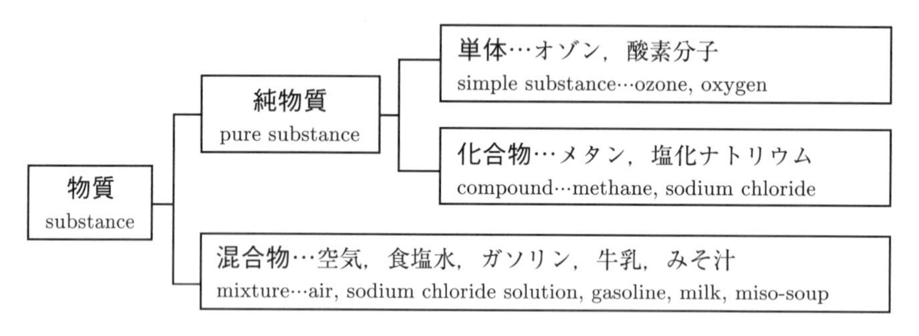

図 1: 物質の分類と例

1-2-2　元　素

元素は，物質を構成する基本的な成分であり，同じ原子番号をもつ原子の集合体を表す概念である。表4におもな元素の元素記号と元素名を示す (口絵の周期表参照)。

表 4: 元素記号，元素名

元素記号 (symbol)	元素名 (name)	元素記号 (symbol)	元素名 (name)	元素記号 (symbol)	元素名 (name)
H	水素 (hydrogen)	F	フッ素 (fluorine)	Cl	塩素 (chlorine)
He	ヘリウム (helium)	Ne	ネオン (neon)	Ar	アルゴン (argon)
Li	リチウム (lithium)	Na	ナトリウム (sodium)	K	カリウム (potassium)
Be	ベリリウム (beryllium)	Mg	マグネシウム (magnesium)	Ca	カルシウム (calcium)
B	ホウ素 (boron)	Al	アルミニウム (aluminum)	Fe	鉄 (iron)
C	炭素 (carbon)	Si	ケイ素 (silicon)	Cu	銅 (copper)
N	窒素 (nitrogen)	P	リン (phosphorus)	Ag	銀 (silver)
O	酸素 (oxygen)	S	硫黄 (sulfur)	Au	金 (gold)

1-2-3 化 合 物

化合物は，2 種類以上の元素が一定比で化学結合した純物質である[11)]。表 5 に示す無機化合物と表 6 に示す有機化合物[12)] に大別されることが多いが，化合物の多様性を示す 1 つの分類方法にすぎない。ケミカルアブストラクトサービス[13)] に登録されている有機化合物と無機化合物の合計数は，2024 年前半時点で 2.3 億種類以上である。

表 5: 無機化合物やそのイオンの例

水素化合物 (hydrogen compound)	NH_3; アンモニア (ammonia), NaH; 水素化ナトリウム (sodium hydride)
酸化物 (oxide)	CO_2; 二酸化炭素 (carbon dioxide), CuO; 酸化銅 (II) (copper(II) oxide)
水酸化物 (hydroxide)	NaOH; 水酸化ナトリウム (sodium hydroxide)
オキソ酸 (oxo acid)	H_2CO_3; 炭酸 (carbonic acid), $HClO_3$; 塩素酸 (chloric acid)
ハロゲン化合物 (halide)	NaCl; 塩化ナトリウム (sodium chloride)
硝酸塩 (nitrate)	KNO_3; 硝酸カリウム (potassium nitrate)
硫酸塩 (sulfate)	Na_2SO_4; 硫酸ナトリウム (sodium sulfate)
炭酸塩 (carbonate)	Na_2CO_3; 炭酸ナトリウム (sodium carbonate)
金属錯体イオン (metal complex ion)	$[Ag(NH_3)_2]^+$; ジアンミン銀 (I) イオン (diammine silver(I) ion)

表 6: 有機化合物の例

炭素数	名称 (name)			
1	メタン (methane)	メタノール (methanol)	ホルムアルデヒド (formaldehyde)	ギ酸 (formic acid)
2	エタン (ethane)	エタノール (ethanol)	アセトアルデヒド (acetaldehyde)	酢酸 (acetic acid)
3	プロパン (propane)	プロパノール (propanol)	プロパナール (propanal)	プロピオン酸 (propionic acid)
4	ブタン (butane)	ブタノール (butanol)	ブタナール (butanal)	酪酸 (butanoic acid)

1-2-4 混 合 物

自然界では，複数の純物質がおもに物理的に混ざって，混合物として存在していることが多い。混合物から純物質を分離するためには，物質の物理的および化学的性質を利用する。精製は，物質の純度を高める工程 (プロセス) や技術を示すことが多い。さまざまな分離・精製方法の一部を表 7 に示す。図 2 には，ひだ状に折ったろ紙 (ひだ付きろ紙) の簡便な折り方を示す。四つ折りろ紙よりひだ付きろ紙の方が，ろ過効率がより高い。

表 7: 混合物の分離・精製

ろ過 filtration	固体が通れず，溶液のみが通過できる媒体を間に入れることによって，溶液と固体を分離する操作である。おもな媒体として，紙や布，セラミックスが使われる。
昇華 sublimation	液体を経ずに固体を揮発させて，精製物を得る方法である。不揮発性の物質は，不純物として残る。液体を経ずに気体から固体を生じる現象は凝華という。
抽出 extraction	固体または溶液に溶媒を接触させて，溶媒に溶けるものを取り出す方法である。物質固有の分配係数の差を利用する。
再結晶 recrystallization	粗生成物を溶解した溶液から，純物質の結晶を得る方法である。加熱した溶液を冷却し溶解度を下げたり，溶媒の蒸発によって，高濃度化して得ることが多い。
蒸留 distillation	液体を加熱して，目的物質の気体 (蒸気) を冷却して集め，精製する方法である。分解しやすい物質の場合には，減圧して沸点を低くすることが有効である。
分留 fractional distillation	物質の沸点の差で混合物を分離する方法である。石油精製などに多用されている。
デカンテーション decantation	沈殿物を容器に残して，上澄み液だけを取り出す分離方法である。ガラス製の赤ワイン瓶で，底部の中央部分を内側に高くするのは，生じる沈殿物をこの方法で除く工夫である。
遠心分離 centrifugation	溶液試料に大きな遠心力を与えて，物質の密度差を利用する分離方法である。微粒子を含む懸濁液や乳濁液にも有効なことが多い。
クロマトグラフィー chromatography	固体吸着材を詰めた円筒や薄層に，固体または液体の固定相を保持して，これに気体，液体，溶液などの試料を通し，各成分の吸着，分配係数などの差を利用して物質を分離する方法である。
電気泳動 electrophoretic separation	溶液に電場を加えたとき，電荷をもつ粒子または分子が電荷で定まる方向に移動する現象を利用した分離方法である。DNAやタンパク質の分離に用いられる。

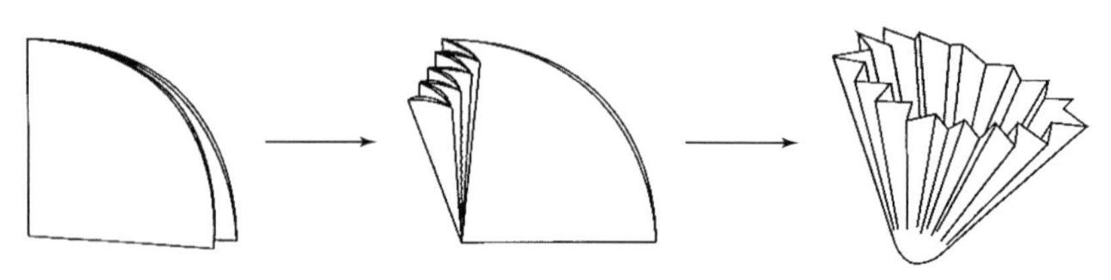

図 2: ひだ付きろ紙の折り方

例題 1-2 次の物質の中から化合物を選べ。

(1) 水道水 (2) 銅 (3) 二酸化炭素 (4) 黒鉛

解答 化合物は (3) 二酸化炭素である。

(1) 水道水は，水に金属イオンや塩素が溶けた混合物である。

(2) 銅は金属の単体であり，Cu で表される。

(3) 二酸化炭素は CO_2 で表される。2 種類の元素を含むので，化合物である。

(4) 黒鉛は炭素の単体であり，C で表される。他の炭素の同素体と区別するため，C (黒鉛) と表すこともある。同素体とは，同一元素の単体のうち，原子配列や結合の様式が異なる物質どうしのことである。

▌演習問題 1-2

1.5 次の物質を，単体，化合物，混合物に分類せよ。

(1) ショ糖[14) (2) 希硫酸[15)] (3) 水 (4) 金 (5) 硫黄 (6) エタノール
(7) 濃塩酸[16)] (8) 牛乳 (9) 塩化水素[17)] (10) 空気

1.6 次の無機化合物やイオンの名称を，日本語と英語で答えよ。

(1) CaH_2 (2) Al_2O_3 (3) $Mg(OH)_2$ (4) HClO (5) $CaCl_2$
(6) $Cu(NO_3)_2$ (7) CH_3COOAg (8) $Fe_2(SO_4)_3$ (9) $CaCO_3$
(10) $[Al(OH)_4]^-$

1.7 次の有機化合物の名称を，日本語と英語で答えよ。

(1) C_5H_{12} (2) C_6H_{14} (3) C_7H_{16} (4) C_8H_{18} (5) C_9H_{20} (6) $C_{10}H_{22}$
(7) C_2H_4 (8) C_2H_2

1.8 次の分離に適当な方法を答えよ。

1. 水道水から不純物を除き，純水を得る。
2. 砂と水の混合物から，砂を取り出す。
3. ヨウ素とヨウ化カリウムの結晶の混合物から，ヨウ素を取り出す。
4. 紫キャベツから，色素を得る。
5. 少量の硫酸銅 (Ⅱ) を含む塩化カリウム水溶液から，純粋な塩化カリウムを得る。
6. 石油を，ガソリン，ナフサ，灯油，軽油，重油，アスファルトなどの成分に分ける。
7. シリカゲルに吸着させたクロロフィルの複数の成分が各成分へ移動する速さの違いを利用して分離する。
8. コロイド溶液に直流の電圧をかけて，コロイド粒子を一方の電極に集める。

1.9 リービッヒ冷却管[18]を用いて液体を蒸留した。次の問いに答えよ。

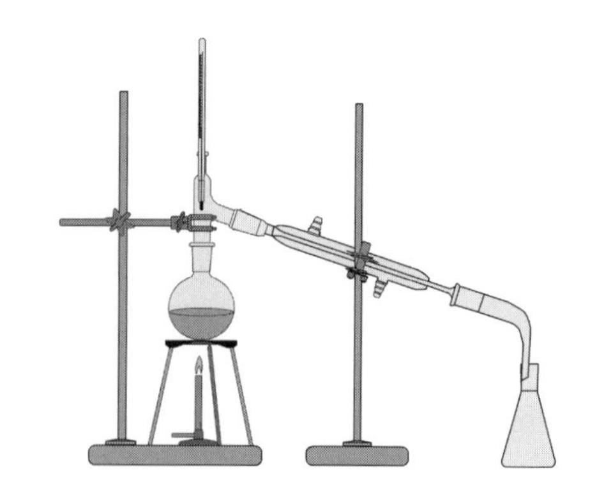

1. 蒸留する液体の量は，丸底フラスコの球部分の体積のどの程度が適当か。

2. 冷却水を流す方向は，冷却管の上下いずれからが適当か。

3. 沸騰石を用いる目的は何か。

4. 可燃性の液体を蒸留するためには，図のようなバーナーは不適当である。どのような装置が必要か。

1.10 下の1〜6の実験操作で用いる実験器具を，次の(1)〜(8)から選べ[19]。

(1) 分液ロート　(2) 枝付きフラスコ　(3) 蒸発皿　(4) メスシリンダー
(5) ブフナーロート　(6) メスフラスコ　(7) ホールピペット　(8) 還流管

1. エタノールと水の混合物から，両物質を分離する。

2. ベンゼンと水の混合物から，両物質を分離する。

3. 水を蒸発させて，硫酸銅(II)水溶液を濃縮する。

4. 水中に含まれる多量の固体を，効率よく水から分離して吸引ろ過する。

5. 正確にはかり取ったシュウ酸二水和物の結晶を水に溶解して，正確なモル濃度の水溶液を調製する。

6. 一定体積の水酸化ナトリウム水溶液を，正確にはかり取る。

注釈

11) 金属水素化物や酸化物などには，元素の比が簡単な一定値から外れる化合物も知られている(1-11-4 参照)。

12) 古くは生命のみが合成できる物質と考えられていた。ヴェーラー (Friedrich Wöhler, 1800-1882) が，1828 年に無機化合物原料から有機化合物である尿素を合成し，これが現代有機化学の出発点とされる。

13) アメリカ化学会が提供する論文抄録事業。

14) スクロース (sucrose) ともいう。

15) diluted sulfuric acid (dil. H_2SO_4)

16) concentrated hydrochloric acid (conc. HCl)

17) hydrogen chloride

18) Liebig condenser; Justus F. von Liebig (1803-1873)

19) 装置の英語名は付録 A-1 参照。

ノーベル化学賞

富山駅の周辺を散策すると，県庁近くで「ノーベル賞通り」を見つけることができる。この通りは，2002年のノーベル化学賞受賞者である田中耕一氏が，高校時代の通学に使ったことを記念している。田中氏は，タンパク質などの大きな分子をこわすことなく，容易にイオン化できる方法を発見した。偶然見つけたこのイオン化現象に着目して，マトリクス支援レーザー脱離イオン化質量分析法*を開発し，生物化学や高分子化学などの飛躍的な発展に貢献している。田中氏は，大学で電子工学を学んだ研究者である。

2001年に受賞した野依良治氏は，これからの化学者は「生物学」と「応用物理学」を学ぶべきと述べ，さまざまな分野に興味をもって研究交流することや，視野を広くもつことの大切さを説いている。偶然見つかる重要な発見を見逃さない力をセレンディピティーという。注意深く現象を観察することや，納得するまで考え抜くことを心がけ，準備する心が大切だろう。

2010年に受賞した根岸英一氏は，アメリカ Purdue 大学を拠点に活躍した化学者である。日本の大学を卒業し，民間企業研究者としても活躍した根岸氏は，「夢を持ち続けること」の大切さを若者に伝え続けた。化学は，個々人の知的な夢の実現によって社会に貢献できる大きな可能性をもっている。

表 8: 日本人のノーベル化学賞受賞者

受賞年	氏名	受賞理由
2019年	吉野 彰 Akira Yoshino (1948-)	リチウムイオン2次電池の開発
2010年	根岸英一 Ei-ichi Negishi (1935-2021)	クロスカップリング (Negishi coupling) の開発
	鈴木 章 Akira Suzuki (1930-)	クロスカップリング (Suzuki-Miyaura coupling) の開発
2008年	下村 脩 Osamu Shimomura (1928-2018)	緑色蛍光タンパク質 (GFP) の発見と生命科学への貢献
2002年	田中耕一 Koichi Tanaka (1959-)	生体高分子の同定および 構造解析のための手法の開発
2001年	野依良治 Ryoji Noyori (1938-)	キラル触媒による 不斉反応の研究
2000年	白川英樹 Hideki Shirakawa (1936-)	導電性高分子の発見と発展
1981年	福井謙一 Kenichi Fukui (1918-1998)	化学反応過程の理論的研究

∗ matrix-assisted laser desorption ionization mass spectrometry (MALDI-MS); 現在は，飛行時間型質量分析計と組み合わせた MALDI-TOF-MS 法が多用されている。

1-3 原子の構造

1-3-1 原　子

原子[20] は，中心の**原子核**[21] とそれを取り囲む**電子**で構成されており，その直径が 0.1〜0.6 nm (1〜6 Å) からなる球に近似することが多い。表 9 に原子の**構成粒子**の性質を示す。

表 9: 原子の構成粒子

原子内粒子 (subatomic particle)	電気量 (electric charge); C	質量 (mass); kg
電子 (electron)	-1.602×10^{-19}	9.109×10^{-31}
陽子 (proton)	$+1.602 \times 10^{-19}$	1.673×10^{-27}
中性子 (neutron)	0	1.675×10^{-27}

原子は，元素記号を用いて ${}^{b}_{a}X$ のように表される。ここで，a は**原子番号**，b は**質量数**，X は元素記号である。原子や分子を表すとき，通常は a, b の数字を省略して X と書くことが多いが，質量数の違いを強調するときは，${}^{b}X$ のように b の数字を書く。

原子内の構成粒子数の関係を表 10 にまとめる。原子番号は**陽子**の数に等しい。質量数は，原子核に含まれる陽子と中性子の数の和である。電子 1 個の質量は，陽子 1 個の 1/1836 で，原子の質量は**原子質量単位**[22] と質量数の積にほぼ等しい。

表 10: 原子内の構成粒子数の関係

陽子数 = 電子数 = 原子番号 (number of protons = number of electrons = atomic number)
陽子数 + 中性子数 = 質量数 (number of protons + number of neutrons = mass number)

1-3-2 同 位 体

ある元素が質量の異なる複数の原子からなるとき，各原子をその元素の**同位体**[23] という。同位体どうしは，原子番号が同一で質量数が異なる。医療用の ${}^{59}Co$ や原子力発電用燃料としての ${}^{235}U$ など，特定の同位体が活用されている。なお，病院での MRI 診断は，物質の化学構造を調べるために多用される**核磁気共鳴**[24] を応用した装置を用いている。原子核とメガヘルツ (MHz) 帯の電磁波の相互作用を利用している。

例題 1-3　臭素の原子番号は 35 である。次の原子またはイオンに含まれる陽子，電子，中性子の数を答えよ。

(1)　^{79}Br　(2)　^{81}Br　(3)　^{79}Br^{-}

解答　陽子の数は原子番号に等しいので，いずれの同位体も陽子の数は 35 個である。中性の原子では陽子の数と電子の数は等しいので，(1) と (2) の電子の数は 35 個である。1 価の陰イオンでは電子の数が中性の原子よりも 1 個多いので，(3) の電子の数は 35+1=36 個である。中性子の数は質量数と陽子の数の差なので，(1) と (3) では 79−35=44 個，(2) では 81−35=46 個である。

	陽子の数	電子の数	中性子の数
^{79}Br	35	35	44
^{81}Br	35	35	46
^{79}Br^{-}	35	36	44

■演習問題 1-3

1.11　「原子」と「元素」の語句を使用して，同位体を説明せよ。

1.12　水素には，(軽) 水素[25)]，重水素[26)]，三重水素[27)]の 3 種類の同位体が存在する。それぞれの陽子数，中性子数，電子数，原子番号，質量数を答えよ。

1.13　^{12}C 原子の原子核には，6 個の陽子と 6 個の中性子が存在する。次の問いに答えよ。

1.　炭素原子 1 個の質量を求めよ。ただし，陽子と中性子の質量は表 9 の値を用い，電子の質量は無視する。

2.　^{12}C 原子 12 g 中に存在する原子の個数を有効数字 2 桁で答えよ。

1.14　原子の構造について下の表を完成せよ。

元素記号	原子番号	陽子数	中性子数	電子数	質量数	価電子数
	2				4	
C					12	
			8	8		
Mg		12	12			
Al		13			27	

1.15　次の値を括弧内の単位を用いて有効数字 3 桁で答えよ。ただし，電子 1 個の電気量の絶対値は 1.602×10^{-19} C で，アボガドロ定数は 6.022×10^{23}/mol とする。

(1)　電子 1 mol の電気量の絶対値 (C)　　(2)　電子 1 mol の電気量の絶対値 (F)

(3)　陽子 1 個の電気量 (C)　　(4)　中性子 1 個の電気量 (C)

▌注釈

20)　語源は否定語の “a” と，分けるを意味する “tom” からなり，それ以上分けられないことを一語で意味する。

21)　陽子と中性子からなり，直径が 10^{-5}～10^{-8} Å 程度の粒子で，ほぼ原子の質量に等しい質量をもつ。

22)　陽子 1 個あたりの質量が 1 原子質量単位 (amu) である。

23)　安定同位体と不安定な放射性同位体 (radioisotope) がある。

24)　nuclear magnetic resonance; 略号 NMR

25)　protium; ^{1}H，水素の約 99%を占める。

26)　deuterium; ^{2}H，水素の約 1%を占める。この同位体を含む水は重水といわれ，D_2O や HDO と表記される。

27)　tritium; ^{3}H，ごく微量存在する放射性同位体である。

1-4 電子軌道

1-4-1 原子スペクトル

原子は，加熱や放電によってエネルギーを受け取ると，とびとびの固有な波長の光を発する。発した光 (輝線) を波長で整理した系列が**輝線スペクトル**である。水素原子が発光する輝線スペクトルを図 3 に示す。発した光の波長とその間隔は，原子内のエネルギー変化を反映している。輝線スペクトルの波長 λ (m) は，**リュードベリ定数** R_∞ (1.097×10^7/m) を用いて

$$\frac{1}{\lambda} = R_\infty\left(\frac{1}{{n_1}^2} - \frac{1}{{n_2}^2}\right)$$

で示す。ここで，n_1, n_2 は正の整数である。$n_1 = 1, n_2 \geq 2$ で**紫外光**[28] 領域，$n_1 = 2$, $n_2 \geq 3$ で**可視光**[29] 領域，$n_1 = 3$, $n_2 \geq 4$ で**近赤外光**[30] 領域の光に対応する。

原子の最も安定な状態を**基底状態**，最安定状態よりエネルギーが高い状態を**励起状態**という。光の吸収・放出はこれらの状態間の遷移によるものである。

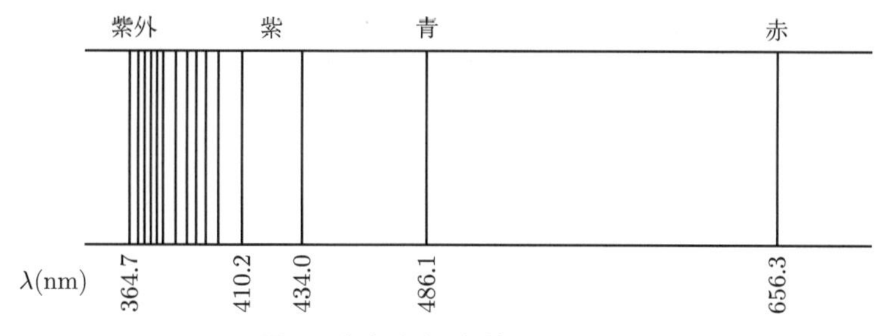

図 **3:** 水素原子の輝線スペクトル

例題 1-4 水素原子の中の電子を，基底状態から第 1 励起状態 (最もエネルギーが低い励起状態) に励起させるためには，何 m の波長の電磁波を照射すればよいか。

解答 基底状態は $n = 1$，第 1 励起状態は $n = 2$ なので，上式に $n_1 = 1$，$n_2 = 2$ を代入すると，

$$\frac{1}{\lambda} = R_\infty\left(\frac{1}{1^2} - \frac{1}{2^2}\right) = R_\infty\left(\frac{3}{4}\right)$$

となる。この逆数をとると，

$$波長\,\lambda = \frac{4}{3R_\infty} = \frac{4}{3\times(1.097\times10^7)} = 1.215\times10^{-7}\,\mathrm{m}$$

1-4-2 ボーアモデル

プランクは，**黒体放射**を説明するために，**エネルギー量子**[31] の概念を 1900 年に発表した。また，アインシュタイン (Albert Einstein, 1879 - 1955) は，光 (光量子) と相互作用した物質内の電子が励起される**光電効果**[32] を説明する**光量子仮説**を提唱した。光量子の考えに基づくと，光と相互作用した電子のエネルギーが，E_1 から E_2 に変化したときの変化量を

$$E_2 - E_1 = nh\nu = nh\frac{c}{\lambda}$$

で表すことができる。ここで，n は整数，h はプランク定数，ν は光の振動数，c は光速，λ は波長である。

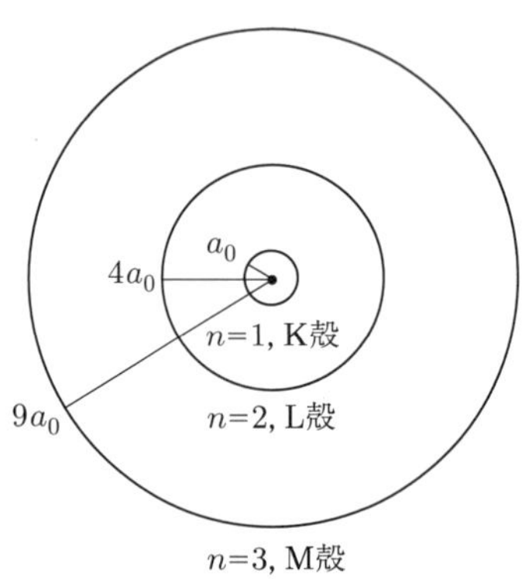

図 **4:** ボーアが提案した原子モデル

ボーアは，エネルギー量子仮説を水素原子中の電子のエネルギー変化にも適用した。その結果，電子は原子核のまわりを自由に動き回るのではなく，ある決まったエネルギーの軌道上を運動するボーアモデルを 1913 年に提案した (図 4)。電子がある軌道から別の軌道に移る (この現象を電子遷移という) ときに，軌道の**エネルギー準位**の差分エネルギーが光になると考えて次の関係式

$$\Delta E = E_{n+1} - E_n = h\nu$$

を示した。これによって，水素原子の輝線スペクトルの観測結果を説明した。

例題 1-5　波長が 500 nm の光子 1 個のエネルギー (J) はいくらか。

解答　$500\,\mathrm{nm} = 5.00\times10^{-7}\,\mathrm{m}$ である。

$$E = h\nu = h\frac{c}{\lambda} = \left(6.626\times10^{-34}\right)\times\frac{2.998\times10^8}{5.00\times10^{-7}} = 3.97\times10^{-19}\,\mathrm{J}$$

1-4-3 波動方程式

電子は，大きさが特定されていない粒子である。シュレーディンガー (Erwin R. J. A. Schrödinger, 1887–1961) は，光の性質についての実験結果に基づき，粒子である電子が波動性ももつと考えて，電子の運動に関する偏微分方程式

$$\left\{-\frac{\hbar^2}{2m}\left(\frac{\partial^2}{\partial x^2}+\frac{\partial^2}{\partial y^2}+\frac{\partial^2}{\partial z^2}\right)+V\right\}\Psi = E\Psi$$

を提唱した。この式を**シュレーディンガーの波動方程式 (シュレーディンガー方程式)**[33] という。ここで，Ψ は**波動関数**，E は系の全エネルギー，V は電子の位置エネルギー，m は電子の質量，$\hbar$ はプランク定数 h を 2π で割ったもの ($\hbar = \frac{h}{2\pi}$) である。∂ は偏微分を表す演算子[34] であり，$-\frac{\hbar^2}{2m}\left(\frac{\partial^2}{\partial x^2}+\frac{\partial^2}{\partial y^2}+\frac{\partial^2}{\partial z^2}\right)$ は電子の運動エネルギーを表す。

この波動方程式を解くと，電子のエネルギーや運動の方向性などを知ることができる。ある電子の状態は，波動方程式の解を含む 4 種類の量子数の組合せで表すことができる。一般に，波動関数は複素数で表される。また，波動関数 Ψ そのものではなく，波動関数の絶対値の 2 乗 $|\Psi|^2$ が，その領域に粒子が存在する確率を表す。

1-4-4 電子雲

ニュートンの運動方程式を用いると，運動する物体の運動量と位置を同時に知ることができ，物体のエネルギーもわかる。電子のように質量が極端に小さい粒子の運動は，その運動量と位置を同時に決定できない。これを**ハイゼンベルクの不確定性原理**[35] という。

そこで，原子核のまわりで運動している電子の運動を表すために，ある瞬間に特定の領域に電子を見出す確率を濃淡で表したモデルが使われる。図 5 に示すモデルが雲のように見えるので**電子雲**といい，点が密集しているところほど電子の存在確率が高いことを示す。ボーアが提案した水素原子の円形軌道は，電子の存在確率が高く見える領域の一部分を円で表したとみなせる。

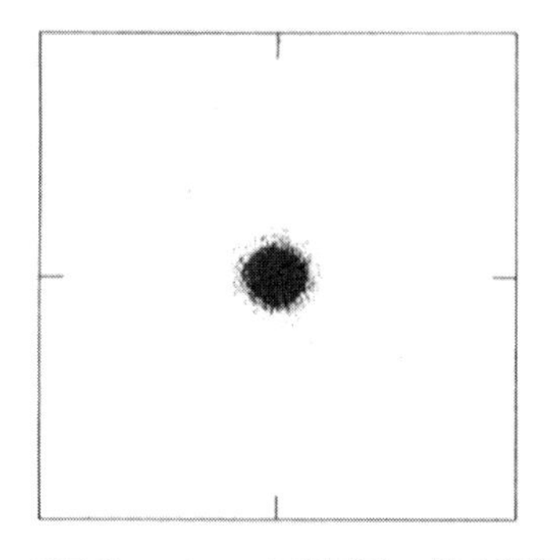
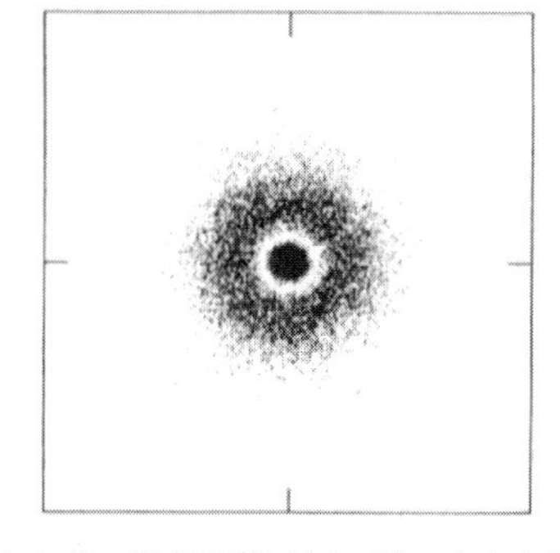

図 5: 電子雲モデル。水素原子の基底状態 (左) と第 1 励起状態 (右)。球の中心を通って平面的に切り取った図である。中心にある原子核は，十分に小さく表示されない。

■演習問題 1-4

1.16 次の図 (a)〜(d) はある原子の電子配置を示す。以下の問いに答えよ。

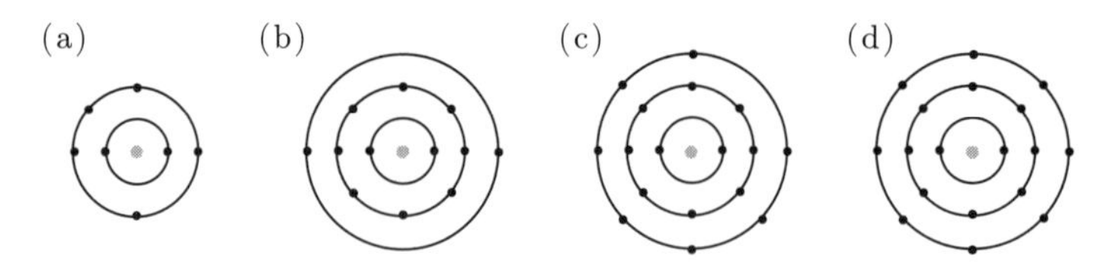

1. 元素記号を記せ。
2. 陽子の数を求めよ。
3. 価電子の数を求めよ。
4. どのようなイオンになるか。イオン式で示せ。
5. 4 のイオンの電子配置を例のように示せ。(例: K^2L^4)

1.17 次の表は，水素の電子殻 (1-5-1 参照) のエネルギーを示す。以下の問いに答えよ。ただし，プランク定数 (h) は 6.626×10^{-34} J·s，光速度 (c) は 2.997×10^8 m/s，リュードベリ定数 (R_∞) は 1.097×10^7/m とする。

電子殻	K	L	M	N
E (kJ/mol)	−1310.8	−327.7	−145.5	−81.9

1. K 殻の電子 1 mol を M 殻に励起するために要するエネルギーを求めよ。
2. L 殻から M 殻に励起された電子が，L 殻に戻るときに放出する光の波長を求めよ。また，どの波長領域に属する光かを述べよ。
3. K 殻から M 殻に励起された電子が，K 殻に戻るときに放出する光の波長を求めよ。

1.18 周期表の一部を次に示す。以下の問いに答えよ。

周期＼族	1	2	13	14	15	16	17	18
1	H							He
2	Li	Be	B	C	N	O	F	(1)
3	Na	(2)	Al	Si	P	S	(3)	Ar

1. (1)〜(3) に入る元素記号を書け。
2. (1) の原子は，K 殻と L 殻にいくつの電子を含むか。
3. (2), (3) の原子は，何価の陽イオンまたは陰イオンになりやすいか。
4. Na^+ および S^{2-} と同じ電子配置をもつ原子はそれぞれ何か。

注釈

28) ultraviolet light; 略号 UV，短波長側から A, B, C に分けることがある。

29) visible light; 略号 Vis，人間の目で色がわかる光。波長の目安は 380〜780 nm で，個人差がある。

30) near infrared light; 略号 NIR，赤外線は IR で，熱線ともいう。IR の吸収スペクトルで，化合物中の原子間結合で起こる振動や角度変化の様子などを知ることができる。

31) 量子は，不連続にエネルギー変化する。ニュートン力学は，エネルギーの連続的な変化を前提に成り立っている。電子の運動を扱う体系を量子力学として区別するのは，この前提が異なるからである。

32) 光電効果は，光伝導や光起電力として応用価値の高い現象である。

33) シュレーディンガー方程式には，「時間に依存するシュレーディンガー方程式」と「時間に依存しないシュレーディンガー方程式」がある。ここで式を示しているのは「時間に依存しないシュレーディンガー方程式」である。

34) operator; 例えば，水素イオン濃度の関数 $[H^+]$ に，$p = -\log_{10}$ という別の関数を作用させて pH という。ここで，関数 p は演算子である。

35) Werner K. Heisenberg (1901-1976) にちなむ名称。

1-5　量子数と電子軌道

1-5-1　主量子数と電子殻

電子雲モデルにおいて，電子の存在確率の高い領域は不連続に複数あり，それぞれに存在する電子のもつエネルギーが大きく異なる。エネルギーの低い領域から順に，$n = 1, 2, 3, 4, \cdots$ のように正の整数を与える。その順番を示す数字が**主量子数** $\boldsymbol{n}$ である。このように，原子内の電子のエネルギーは，おもに n によって決まり，n が大きくなるにつれて次の n とのエネルギー差が縮まる。このような，電子が存在する不連続な領域を**電子殻**といい，主量子数 n の値に対応して **K** 殻，**L** 殻，**M** 殻，**N** 殻，…と割り当てる。1 つの原子内で同じ主量子数 n をもつ電子数，すなわち，それぞれの電子殻に収容できる電子数には制限がある。表 11 に主量子数と電子殻の関係，および収容可能な電子数の最大値を示す。

表 **11:** 主量子数と電子殻の関係，および収容可能な電子数の最大値

主量子数	1	2	3	4	$\cdots$	n
電子殻	K	L	M	N	$\cdots$	
収容可能な電子数の最大値	2	8	18	32	$\cdots$	$2n^2$

1-5-2　方位量子数

主量子数 n が 1 の K 殻にある電子は，その原子の中の電子のうち，エネルギーが最も低い。また，原子核から見てあらゆる方向に等方的な球形の電子雲を形成する。主量子数 n が 2 以上の電子殻の場合，電子雲の形状は等方的な球形と，異方的な形状の電子雲が複数重なっており，その広がりの形状によって電子のエネルギーが変わる。このため，原子中の電子のエネルギーは，主量子数 n と電子雲の広がりの方向を示す**方位量子数**[36] $\boldsymbol{l}$ とも密接に関係する。方位量子数 l に許される値にも制限があり，0〜$(n-1)$ の範囲にある 0 か正の整数である。

1-5-3　磁気量子数

原子スペクトルを磁場中で観測すると，1 本の輝線が複数に分裂する現象を観察できる。これをゼーマン効果[37] という。ゼーマン効果は，磁場のないときにはエネルギー状態が等しい (縮退[38] という) 電子軌道内で，外部磁場の方向に応じた異なるエネル

ギー状態が生じるために起こる。このように，磁場によって区別されるエネルギー状態は，軌道の広がる方向と関係する方位量子数 l で決まり，$-l, -l+1, \cdots, 0, \cdots, l-1, l$ の $2l+1$ 種類ある (l は方位量子数)。この l で決まる数を**磁気量子数** $\boldsymbol{m_l}$ といい，軌道の向きに対応する。$l=0$ のときは $m_l=0$ の 1 種類のみで，$l=1$ では $m_l=-1,0,1$ の 3 種類，$l=2$ では $m_l=-2,-1,0,1,2$ の 5 種類が存在する。

1-5-4　スピン磁気量子数

スピン量子数 s と**スピン磁気量子数** $m_{\rm s}$ は，電子の自転運動を表す量子数である [39]。電子は自転しながら原子核のまわりを運動している。電子のように回転している荷電粒子は，磁石とみなすことができ，自転方向を区別できる。そこで，電子の自転方向をスピン磁気量子数 $m_{\rm s}$ の $+1/2$ と $-1/2$ のいずれかで区別する。この 2 種類を区別するために，上または下向きの矢印 (↑↓) や，α または β で表すことがある。各軌道は最大 2 個ずつの電子を収容できる。2 個の電子が同じ軌道内にあるとき，スピン磁気量子数は必ず逆平行で，いずれかが $+1/2$ で，もう一方は $-1/2$ である。

1-5-5　電子軌道のエネルギーと形状

主量子数 n に対応する電子殻に，K 殻，L 殻，M 殻，N 殻，$\cdots$ などの名称が割り当てられている。同じように，方位量子数 l の値に対応する電子雲の広がりを分類し，**電子軌道 (副電子殻)** [40] として次のように名称を割り当てる。方位量子数 $l=0$ の球形の電子雲を s 軌道，$l=1,2,3$ の広がりを，それぞれ p 軌道，d 軌道，f 軌道という。n の値と l に対応するこれらの軌道の記号を組み合わせて，主量子数と軌道の種類を記号化できる。表 12 に，主量子数と方位量子数の可能な関係を示す。よりエネルギーの低い 1s 軌道から順番に電子が充塡されると，原子は安定なエネルギー状態になる [41]。

表 12: 主量子数と方位量子数の関係

主量子数(電子殻) ＼ 方位量子数(電子軌道)	1 (K 殻)	2 (L 殻)	3 (M 殻)	4 (N 殻)
0 (s 軌道)	1s	2s	3s	4s
1 (p 軌道)		2p	3p	4p
2 (d 軌道)			3d	4d
3 (f 軌道)				4f

図 6 に電子軌道のエネルギーを示す。1 つの横線が 1 つの電子軌道を表す。p 軌道はエネルギーの等しい 3 つの軌道が組になっている。d 軌道はエネルギーの等しい 5 つの軌道が組になっている。エネルギーの低い軌道から電子が 2 個ずつ入っていく。水素原子の場合は，主量子数 n が同じであれば，エネルギーは $\mathrm{s}=\mathrm{p}=\mathrm{d}=\mathrm{f}=\cdots$ であるが，多電子原子 (炭素原子など) の場合は，主量子数 n が同じであれば，エネルギーの順序は $\mathrm{s}<\mathrm{p}<\mathrm{d}<\mathrm{f}<\cdots$ となる。図 6 に示しているのは多電子原子の場合である。

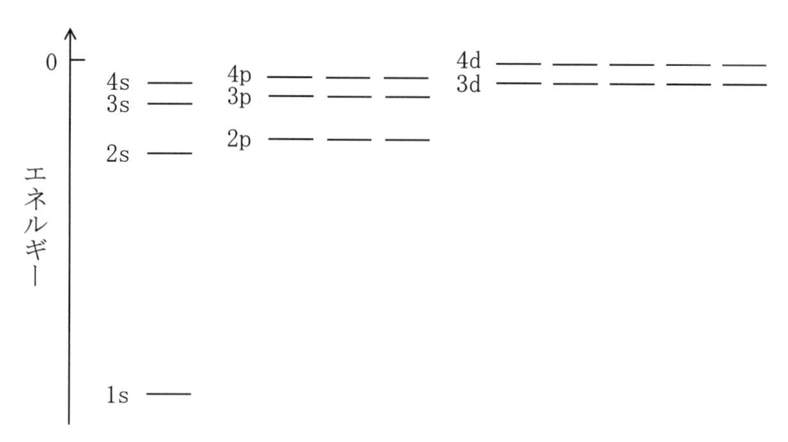

図 **6:** 電子軌道のエネルギー (4d 軌道まで表示)。この図は多電子原子の場合を表す。

図 7 に電子軌道の形状を模式的に示す。s 軌道は球状で，p 軌道は亜鈴 (ダンベル) 形といわれる。d 軌道はより複雑で，5 つの磁気量子数に対応して 5 種類存在する。いずれの形状でも原点位置には原子核が存在し，その位置が p 軌道や d 軌道では節になる。原子内では，これらの軌道が重なり合っている。

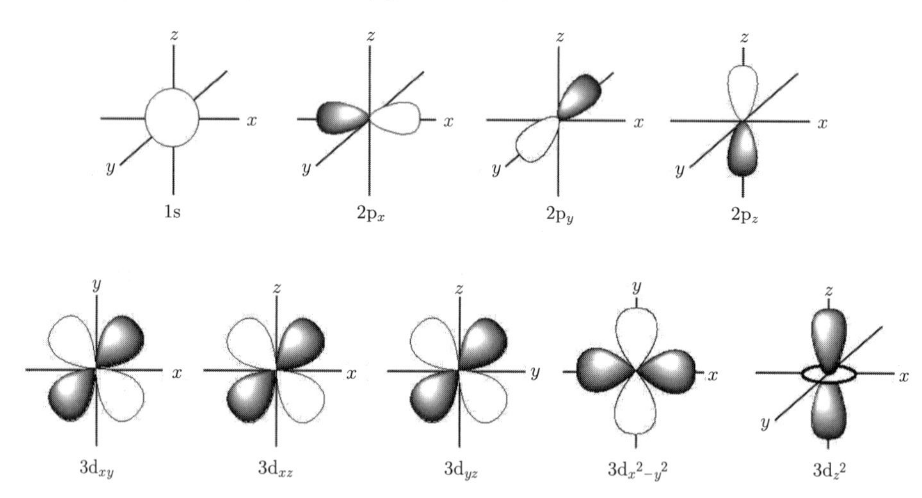

図 **7:** 電子軌道の形状。白い部分と灰色の部分はそれぞれ波動関数の正と負を表す。

例題 1-6　N 殻に収容できる電子数の最大値が 32 になる理由を説明せよ。

解答　N 殻の主量子数 n は 4 なので，取り得る方位量子数 l は 0,1,2,3 である。取り得る磁気量子数 m_l は，$l=0$ のとき $m_l=0$，$l=1$ のとき $m_l=-1,0,1$，$l=2$ のとき $m_l=-2,-1,0,1,2$，$l=3$ のとき $m_l=-3,-2,-1,0,1,2,3$ である。つまり，軌道の数は，1 (4s 軌道) + 3 (4p 軌道) + 5 (4d 軌道) + 7 (4f 軌道) = 16 ある。1 つの軌道に電子が 2 個まで収容できるので，N 殻の最大電子数は $16 \times 2 = 32$ になる。

■演習問題 1-5

1.19　次の文中の空欄 (1)〜(10) に当てはまる用語や数値を入れて，文を完成せよ。

正の整数 n で表される ＿(1)＿ 量子数は，原子内の電子のエネルギーをおおまかに決定する。n は整数以外の値をとることは許されず，電子のエネルギーがとびとびの不連続な状態に変化する。＿(1)＿ 量子数の値で特定される電子雲は，原子核を包んでいるように見えるので電子殻ともいう。$n=1$ の電子殻を K 殻ともいい，$n=2,3,4$ に対応して ＿(2)＿ 殻，＿(3)＿ 殻，＿(4)＿ 殻という。

0 または $n-1$ までの整数 l で表される ＿(5)＿ 量子数は，電子が存在する確率の高い広がりの方向を決定するもので，＿(1)＿ 量子数の値によって，$l=0,1,\cdots,n-1$ までの n 種類の値をとることが許される。例えば，＿(1)＿ 量子数が 3 のとき，＿(5)＿ 量子数は ＿(6)＿ 種類の状態をとることができる。$l=0$ のときの電子の存在確率の高い状態は ＿(7)＿ (sharp) 電子軌道という。また，$l=1,2,3$ のとき，それぞれ ＿(8)＿ (principal)，＿(9)＿ (diffuse)，＿(10)＿ (fundamental) 軌道という。

■注釈

36)　**軌道角運動量量子数** (orbital angular momentum quantum number) ということもある。

37)　Pieter Zeeman (1865-1943) にちなむ名称。

38)　degenerate; 否定語 de によって，発現 (generate) していないことを意味する。縮重ということもある。

39)　スピン量子数 s は電子の自転の角運動量の大きさを表し，スピン磁気量子数 m_s は固定した軸に沿った角運動量の成分を表す。電子の場合は，$s=1/2$，$m_s=+1/2$ または $-1/2$ である。Na D 線 (589 nm) は，ごくわずかに波長の異なる成分をもつ。これは電子の自転運動の区別で説明できる。特有の黄色を発光する Na ランプは，トンネル内照明に用いられている。

40)　原子軌道 (atomic orbital) や副電子殻 (electron subshell) ともいう。単に軌道 (orbital) ということもある。

41)　1s, 2s 軌道といった軌道に電子が入るという考え方は，厳密には，シュレーディンガー方程式を解くことができる水素原子 (電子が 1 個の系) に対してのみ正しい。炭素原子のような多電子原子に対して 1s, 2s, 2p 軌道を考えることはあくまで近似的な見方であるが，このような軌道の概念で物質の性質や化学反応をうまく説明できるので，化学では多電子原子に対しても軌道で考えることが多い。

量子仮説

19 世紀の終わり頃，溶鉱炉内の温度をうまく調節するのは，技術者たちの経験そのものだった。そのような頃に，溶鉱炉内の温度を知ろうとして，高温の炉内のような黒体放射による光の色や強さが徹底的に調べられた。しかし，レイリー - ジーンズの式* やウィーンの式† のような古典物理学で導かれた理論式では，それらの結果をうまく説明できなかった。これを実験結果とうまく合うように解釈を与えたのがプランクであった。その考え方は，光のエネルギーが $h\nu$ (h はプランク定数，ν は光の振動数) を単位量とする非連続的で，とびとびの値しかとらないこと (離散的) を前提にしたエネルギー量子仮説であった。それ以前に確立され，高校までにおもに学ぶニュートン (古典) 物理学は，物体の運動などをうまく説明できるが，物体のエネルギーが連続的に変化できることを前提に成り立つ体系である。このため，原子などのミクロな物質のとらえ方に根本的な発想の転換が必要になり，量子物理学が誕生した。「量子」の誕生が工業と深くかかわったことは興味深く，さらに最先端の「量子コンピュータ」の実現へと挑戦が続いている。

量子仮説に基づいて考案されたボーアモデルは，いくつかの割り切りは必要なものの，わかりやすい便利な原子モデルとしてよく登場する。しかし，100 年ほど前の科学者たちは，図 8 に示すいくつかの原子モデルの可能性についても大いに議論した。科学の発展の仕方を教えてくれる 1 つの例である。

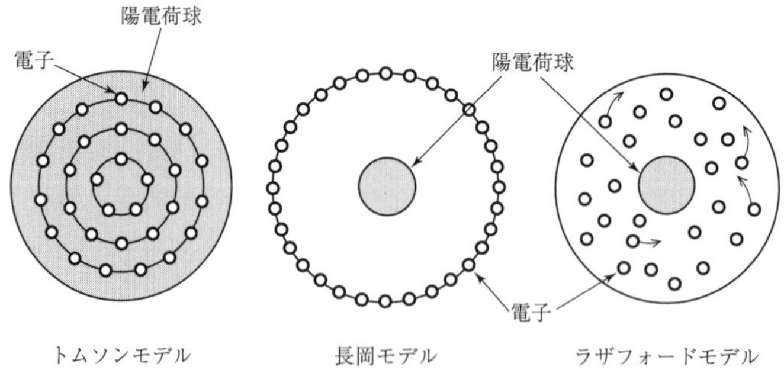

図 8: 歴史的ないくつかの原子モデル

* Load Rayleigh (1842 - 1919) と James H. Jeans (1877 - 1946) にちなむ名称。

† Wilhelm C. W. O. F. F. Wien (1864 - 1928) にちなむ名称。

1-6 電子配置

1-6-1 パウリの排他律

パウリ (Wolfgang E. Pauli, 1900 - 1958) は，「1 つの原子の中で，4 種類の量子数のすべてについて同一の値をもつ電子は 2 つ以上存在しない」と提案した。この原理を**パウリの排他律**といい，原子内の電子がとることのできる状態を決める基本原理の 1 つである。1 つの原子内にあるすべての電子は，他の電子と必ず異なる個性をもつといえる。

1-6-2 フントの規則

1 つの原子の中で，主量子数 n と方位量子数 l が同じ電子どうしは，パウリの排他律に反しないかぎり，できるだけスピン磁気量子数 m_s を揃える (**スピン平行**) と原子全体が安定になる。これを**フントの規則**[42] という。したがって，量子数 n と l が同じ電子は，できるだけ異なる磁気量子数 m_l の値をとり，m_s の値を揃える方がより安定な状態である。原子の軌道成分内に，1 個だけ孤立しているペアになっていない**不対電子**の多い状態が，より安定な状態といえる。

1-6-3 電子配置

原子の中の電子に割り当てられる 4 種類の量子数の組合せによって，電子の状態を必ず識別することができる。ふつう最も安定な状態 (基底状態) にある原子の**電子配置**を，全電子の量子数の組合せで示す。パウリの排他律とフントの規則に従って，エネルギーが低くなるように 4 種類の量子数をそれぞれの電子に割り当てて並べると，電子配置を組み立てることができる。主量子数と電子軌道の記号を書き，その右上にその軌道内の電子数を示す。例えば，Li の電子配置は，$1s^2 2s^1$ と表すことができる。この表し方は，磁気量子数 m_l とスピン磁気量子数 m_s に関する直接の情報を含んでいない。

すべての量子数の情報を含めた電子配置を示すために，1s, 2s, 2p, 3s, 3p, 3d, $\cdots$ の各軌道を箱 (または円など) で区切って示す方法もある。エネルギーの等しい複数の軌道があるとき (方位量子数 $l \geq 1$ のとき) は必要数の箱を横につなぐ。1 つの箱には，スピン磁気量子数 (↑ と ↓) が異なる 2 個までの電子を入れることができる。

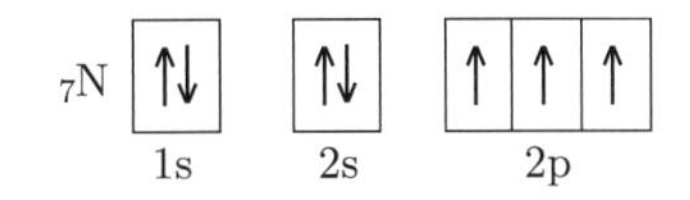

〈矢印を詰めていくルール〉

1. エネルギーのより低い電子軌道を示す箱から順に詰める[43]。

$$1s \to 2s \to 2p \to 3s \to 3p \to 4s \to 3d \to \cdots$$

2. フントの規則: 同じ電子軌道内 (同じ n と l) では，スピン平行な矢印が多くなるように詰める。

例題 1-7 Mg と Mg^{2+} の電子配置を示せ。

解答 Mg の原子番号は 12 なので，電子数も 12 である。Mg^{2+} の電子数は Mg よりも 2 個少ない 10 個である。エネルギーの低い軌道から電子を入れていくと，電子配置は次のようになる。

$$Mg : 1s^2 2s^2 2p^6 3s^2 \qquad Mg^{2+} : 1s^2 2s^2 2p^6$$

貴ガスの電子配置を用いて簡略化して書くと，次のようになる。

$$Mg : [Ne]3s^2 \qquad Mg^{2+} : [Ne]$$

演習問題 1-6

1.20 電子配置を例にならって示せ。(例: $Na\ 1s^2 2s^2 2p^6 3s^1$)

(1) 原子番号 1〜10 までの元素

(2) Al, Al^{3+}, Cl, Cl^-

1.21 C, O, Cl, Ca の電子配置を，各軌道の箱と電子の矢印 (↑↓) を用いて示せ。

1.22 次の文中の空欄 (1)〜(13) に当てはまる用語や数値を入れて，文を完成せよ。

m_l で表される__(1)__量子数は，軌道の成分に対応しており，方位量子数の値によって，$m_l = -l, -l+1, \cdots, 0, \cdots, l-1, l$ の $2l+1$ 個 (l は方位量子数) の値をとることができる。$l=0$ の s 軌道は $m_l =$ __(2)__ の 1 種類だけで，$l=1$ の p 軌道には $m_l =$ __(3)__, __(4)__, __(5)__ の 3 種類，$l=2$ の d 軌道には $m_l =$ __(6)__, __(7)__, __(8)__, __(9)__, __(10)__ の 5 種類が存在する。

m_s で表される__(11)__量子数は，電子の自転に関する量子数で，__(12)__, __(13)__ のいずれかである。

注釈

42) Friedrich H. Hund (1896-1997) にちなむ名称。

43) 4s 軌道よりも先に 3d 軌道に電子が入る理由について，"電子軌道のエネルギーが 4s < 3d だから" と説明されることがあるが，これは正確な表現ではない。なぜなら，新たに電子が入ることにより，もともと存在していた電子の分布にも変化が起こるため，軌道エネルギーが低い方の軌道に新たに電子が入ったからといって，その後の原子の全エネルギーも低くなるとは限らないからである。

1-7　周期表と周期律

1-7-1　周 期 表

メンデレーエフ (Dmitri I. Mendeleev, 1834 - 1907) とマイヤー (Julius L. Meyer, 1830 - 1895) は，元素の化学的性質と原子量の大きさを整理し，同時期に独立して周期表[44] を発表した。周期表上の元素の配列は，モーズリー (Henry G. J. Moseley, 1887 - 1915) が元素の特性 X 線で後に明らかにした原子番号の意味 (原子核の正電荷数に等しいこと) によって，原子の構造との関係がはっきりした。2024 年現在，118 番目までの元素が周期表に配置されている。地殻中に多量に存在する元素や実用金属などの，地殻における存在度を表 13 に示す。

1-7-2　周期表の特徴

(1)　周期表の横の並びを**周期**，縦の並びを**族**という。周期表上の位置から，その元素の性質を推定できる。

(2)　同じ族の元素を**同族元素**という。水素以外の 1 族元素を**アルカリ金属**といい，1 価の陽イオンになりやすい。Be と Mg を除く 2 族の元素を**アルカリ土類金属**，17 族の元素を**ハロゲン**，18 族の元素を**貴ガス**[45] という。

(3)　1, 2, 12～18 族の**典型元素**は，同族元素の化学的性質が類似している。3～11 族までの元素を**遷移元素**[46] という。遷移元素の化学的性質は，隣の元素からあまり変化しない。内側の電子殻 (内殻) に空きがあるかどうかと関係している。

(4)　約 20 種の**非金属元素**と，80 種類以上の**金属元素**がある (口絵の周期表参照)。

1-7-3　周 期 律

周期律は，元素の電子配置と直接関係している。第 2，3 周期には，主量子数 n が同じで，最外殻中に s 軌道か p 軌道をもつ元素がある。一方，同じ族にある元素は，最外殻電子の主量子数 n が互いに異なり，方位量子数 l と磁気量子数 m_l が同一である。最外殻電子の電子配置に着目して，1，2 族の元素と He を **s - ブロック元素**，13～18 族の元素を **p - ブロック元素**，3～12 族の元素を **d - ブロック元素**ともいう (図 9)。

表 **13:** 元素の地殻存在度*

	原子番号	元素記号	地殻存在度
地殻中に多量に存在する元素	8	O	472.0×10^3
	14	Si	288.0×10^3
	13	Al	79.6×10^3
	26	Fe	43.2×10^3
	20	Ca	38.5×10^3
	11	Na	23.6×10^3
	19	K	21.4×10^3
	12	Mg	22.0×10^3
	22	Ti	4.01×10^3
	1	H	-
	15	P	0.757×10^3
実用金属	29	Cu	25
	50	Sn	2.3
	30	Zn	65
	82	Pb	14.8
レアメタル	28	Ni	56
	24	Cr	126
	25	Mn	716
	42	Mo	1.1
	74	W	1
	83	Bi	0.085
	48	Cd	0.100
	27	Co	24
レアアース	58	Ce	60
	60	Nd	27
貴金属	79	Au	2.5×10^{-3}
	47	Ag	70×10^{-3}
	78	Pt	0.4×10^{-3}

* 地殻 1 g 中に含まれる元素の質量 (μg)（「化学便覧 基礎編」(2004) より）

例題 1-8　次の元素について，下の問いに答えよ。

Br,　C,　Cl,　He,　Li,　Sc

(1) s-ブロック元素，p-ブロック元素，d-ブロック元素に分類せよ。

(2) 化学的性質が類似している元素を選べ。

(3) 陽イオンになりやすい元素をすべて選べ。

解答 (1) s-ブロック元素は He と Li，p-ブロック元素は Br, C, Cl，d-ブロック元素は Sc である。Sc の電子配置は $1s^22s^22p^63s^23p^63d^14s^2$ であり，一番右には 4s 軌道を書くが，3d 軌道が中途半端に満たされているため d-ブロック元素に分類される。

(2) 同じ 17 族に属し，陰イオンになりやすい Br と Cl の化学的性質が類似している。

(3) 陽イオンになりやすいのは金属元素の Li と Sc である。

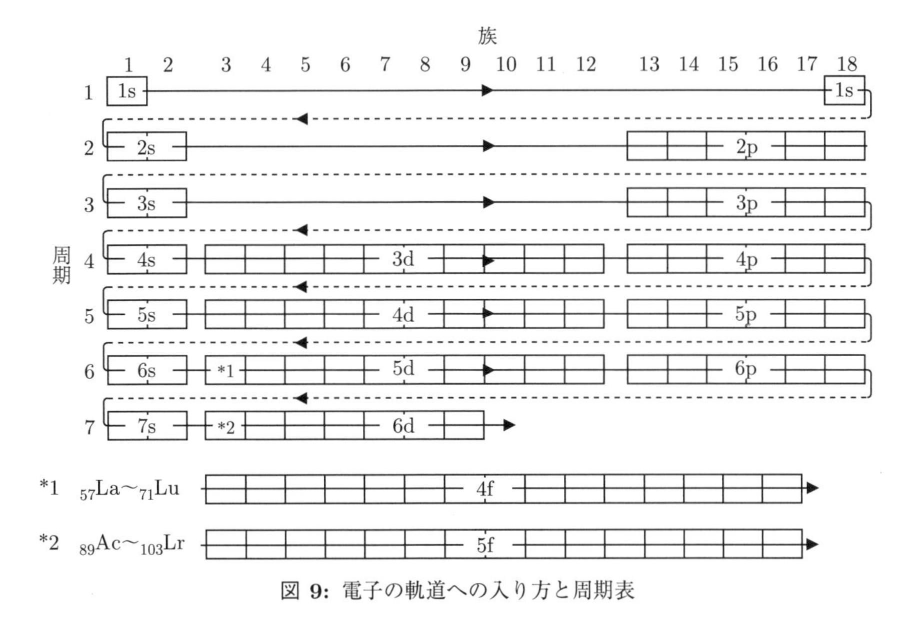

図 **9:** 電子の軌道への入り方と周期表

演習問題 1-7

1.23 表 13 の地殻中に多量に存在する元素について，次の問いに答えよ。

(1) s-ブロック元素，p-ブロック元素，d-ブロック元素に分類せよ。

(2) 典型元素と遷移元素に分類せよ。

(3) 陽イオンになりやすい元素をすべて選べ。

(4) 陰イオンになりやすい元素をすべて選べ。

(5) 化学的性質が類似している元素を選べ。

注釈

44) 周期律表は，不適切な表現である。

45) **不活性ガス** (inert gas) ともいう。かつては希ガス (rare gas) と書いていた。

46) すべて金属のため，**遷移金属元素** (transition metal element) ともいう。12 族の元素を遷移元素に含める場合もある。

1-8　原子の性質

1-8-1　イオン化エネルギー

真空中で，原子から電子 1 個を取り去り，1 価の陽イオンにするために必要な最小のエネルギーを**第 1 イオン化エネルギー**という。さらに，1 価の陽イオンから 2 個目の電子を取り去るのに必要なエネルギーを**第 2 イオン化エネルギー**という。

$$\mathrm{X} \xrightarrow[\text{エネルギー}]{\text{第 1 イオン化}} \mathrm{X}^{+} + \mathrm{e}^{-} \xrightarrow[\text{エネルギー}]{\text{第 2 イオン化}} \mathrm{X}^{2+} + \mathrm{e}^{-}$$

図 10 に，H〜Ca までの元素の第 1 イオン化エネルギーと原子番号の関係を示す。各周期の 1 族の元素は，第 1 イオン化エネルギーが小さく，電子を放出して 1 価の陽イオンになりやすい。ナトリウムの最外殻にある 1 個の電子を取り去ると，ネオンと同じ安定な電子配置になる。

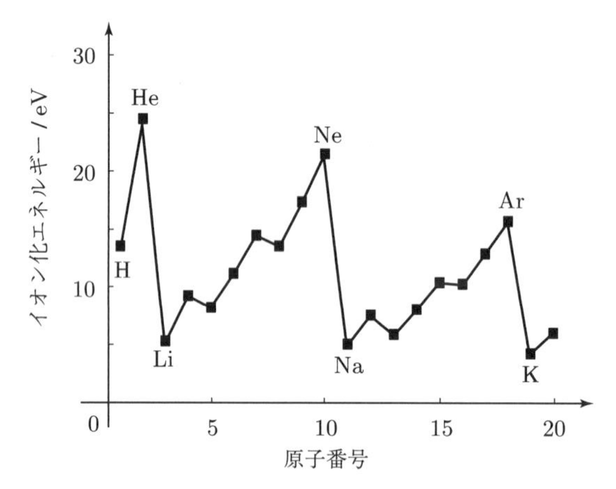

図 **10:** 第 1 イオン化エネルギー (「化学便覧 基礎編」(2004) より)

1-8-2　電子親和力

真空中で，原子が電子を取り入れて陰イオンになるとき，原子はエネルギーを放出する。原子が電子を取り入れて 1 価の陰イオンになるときに放出されるエネルギー (E_{ea}) を，その元素の**電子親和力**という。

$$\mathrm{X} + \mathrm{e}^{-} \longrightarrow \mathrm{X}^{-},\ E_{\mathrm{ea}}$$

電子親和力の大きい原子ほど陰イオンになりやすく，生成した陰イオンは安定である。図 11 に，H〜Kr までの元素の電子親和力と原子番号の関係を示す。ハロゲンの電子親

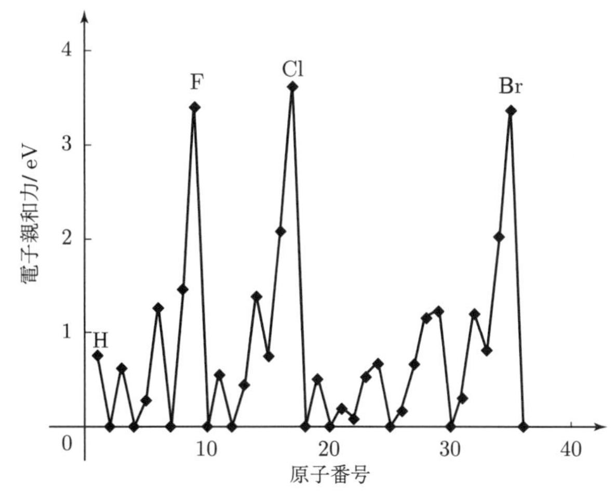

図 11: 電子親和力と原子番号の関係
電子親和力が 0 eV 以下の元素の値は，すべて 0 eV とした。

和力は，飛び抜けて高いことがわかる。

1-8-3　エネルギーダイヤグラム

電子殻や電子軌道をエネルギーの高さで示したエネルギーダイヤグラム[47)]は，原子のイオン化エネルギーや輝線スペクトルを説明するために有用である。エネルギーダイヤグラムの例を図 12 に示す。原子核のプラス電荷と電子のマイナス電荷の引力によって安定化したエネルギーを大まかに示しており，各量子数に対応する電子を当てはめると，その電子の相対的なエネルギーを知ることができる。

このエネルギーダイヤグラムにより，第 1 イオン化エネルギーは，原子の中で最も不安定，すなわちエネルギーの一番高いレベル (準位) にある電子が，原子核からの引力による束縛を逃れるために要するエネルギーであることがわかる。水素原子では，E_1 のエネルギー状態に 1 個の電子を割り当てると基底状態の電子配置を示すことができる。

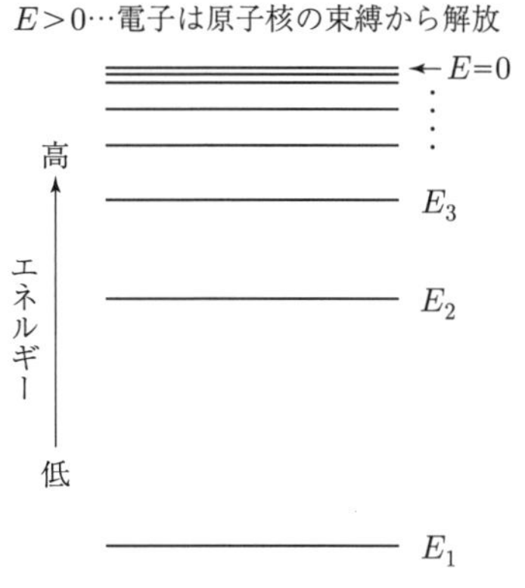

図 12: エネルギーダイヤグラム

原子中の電子がエネルギーを受け取って E_2 や E_3 に遷移した電子が E_1 に戻るときに，そのエネルギーが光として放出される。

1-8-4 電気陰性度

電気陰性度は，化合物中のある原子が結合している相手の原子との間で，より電子を引き寄せる強さの相対的な尺度で，いくつかの定義がある。ポーリング (Linus Carl Pauling, 1901‐1994) は，結合エネルギーの実測値と理論値の差に着目し，電気陰性度を求めた。マリケン (Robert S. Mulliken, 1896‐1986) は，イオン化エネルギーと電子親和力の平均値を電気陰性度とした。両定義による電気陰性度の値は，簡単な式で換算できる。

図 13 に，H〜Br までのポーリングの電気陰性度と原子番号の関係を示す。水素と貴ガスを除けば，同周期で族の番号が大きいほど，また，同族元素で周期の番号が小さいほど，電気陰性度は大きくなる。

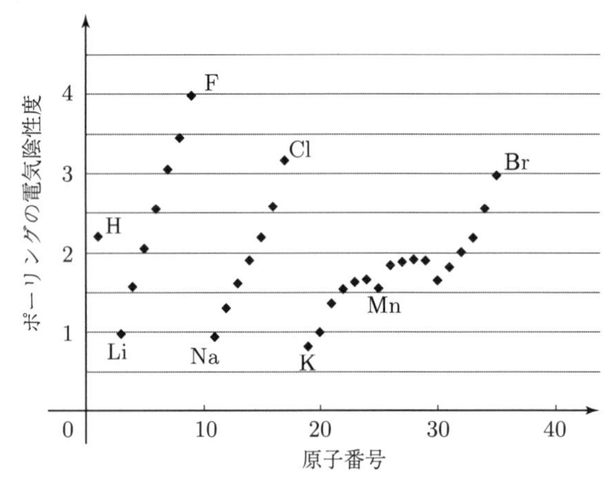

図 13: 電気陰性度と原子番号の関係
(「化学便覧 基礎編」(2004) より)

1-8-5 原子半径とイオン半径

結合の様式 (仕方) に応じて，いくつかの**原子半径** [48] が用いられる。金属元素の結晶は原子が密に充填した構造であり，隣接している原子間の結合距離 (原子核間距離) の半分を金属原子半径という。非金属元素では，単体 (H_2, O_2 など) の結合距離の半分を共有結合半径として原子半径を求めることができる。図 14 に示すように，原子半径にも周期性がみられる。

原子が最外殻から順に電子を放出して陽イオンになると，原子核に近い電子のみが残るので，その**イオン半径** [49] はもとの原子の原子半径よりも小さい。逆に，陰イオンのイオン半径は，もとの原子の原子半径よりも大きい。イオン半径は，イオンからなる結晶についてX線回折で求めたイオン間の距離と，理論的な考察を合わせて，ポーリングによってはじめて求められた。イオン半径にも周期性がみられる。

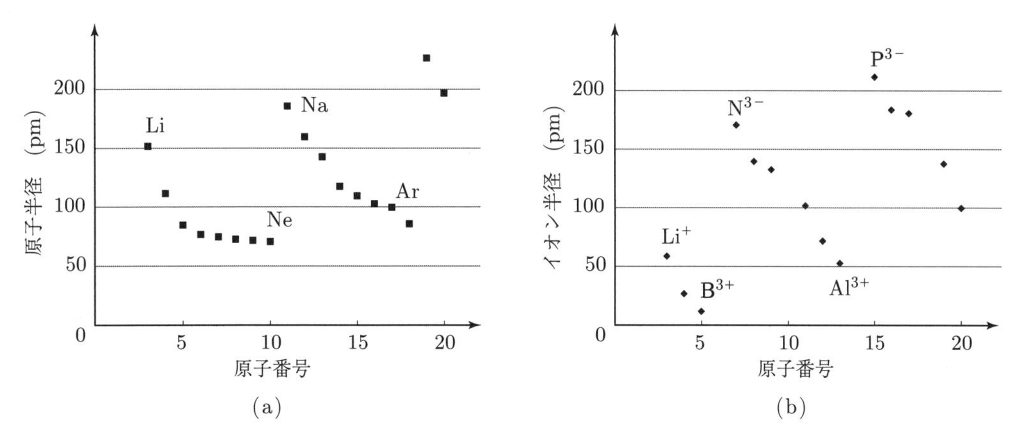

図 14: 原子半径 (a) とイオン半径 (b) の周期性 (「化学便覧 基礎編」(2004) より)
理論計算によると原子半径は F > Ne，Cl > Ar となるが，貴ガスの半径としてファンデルワールス半径を考える場合は，F < Ne (154 pm)，Cl < Ar (188 pm) となる。

例題 1-9　次の元素について，下の問いに答えよ。

H,　He,　Li,　F,　Ne,　Na,　Cl,　Ar

(1)　イオン化エネルギーが最大のものと最小のものを選べ。

(2)　電気陰性度が最大のものと最小のものを選べ。

(3)　電子親和力が最大のものと 2 番目に大きいものを選べ。

(4)　原子半径が最大のものと最小のものを選べ。ただし，H と He を除く。

(5)　イオンになると，イオン半径がもとの原子の原子半径よりも大きくなるものをすべて選べ。ただし，H と He を除く。

解答　(1)　最大のものは He，最小のものは Na である。

(2)　最大のものは F，最小のものは Na である。

(3)　最大のものは Cl，2 番目に大きいものは F である。

(4)　最大のものは Na，最小のものは Ne である。

(5)　陰イオンになると半径が大きくなるので，F と Cl である。

■演習問題 1-8

1.24　次の分子を極性分子と無極性分子に分類せよ。また，極性分子については，電荷がマイナスに偏っている原子も答えよ。

(1) H_2O　(2) NH_3　(3) HF　(4) N_2　(5) CO

(6) CO_2　(7) CH_4　(8) CH_3Cl

1.25　次の問いに答えよ。

1.　次の文中の空欄 (1)〜(4) に当てはまる用語や数値を入れて，文を完成せよ。

原子から電子１個を取り去って，１価の＿(1)＿にするために必要な最小のエネルギーを＿(2)＿という。さらに，１価の＿(1)＿から２個目の電子を取り去るのに必要なエネルギーを＿(3)＿という。すなわち，イオン化エネルギーの＿(4)＿い原子ほど，＿(1)＿になりやすい。

2.　B が Be より，O が N よりイオン化エネルギーが小さい理由を，電子配置を示して答えよ。

1.26　次の文中の空欄 (1)〜(3) に当てはまる用語を入れて，文を完成せよ。

原子が電子１個を取り入れて，１価の＿(1)＿になるときに放出されるエネルギーをその原子の＿(2)＿という。すなわち，＿(2)＿の＿(3)＿い原子ほど，安定な＿(1)＿になりやすい。

1.27　次の元素のうち，電子親和力，イオン化エネルギーが最大と最小のものをそれぞれ選べ。

He,　Na,　Cl,　K

■注釈

47)　安定化エネルギーが０になる一番上のエネルギー準位を超えると，電子は原子核のプラス電荷の束縛から解放される。原子から電子が飛び出した状態を示す。

48)　原子を球とみなしている。

49)　イオンを球とみなしている。

1-9 化学結合

1-9-1 イオン結合

陽イオンと陰イオンは，その間に引力として働くクーロン力 (静電気力 $F = k(q_1q_2)/r^2$) によってイオン結合を形成する。陽イオンはイオン化エネルギーが小さい原子から，陰イオンは電子親和力が大きい原子から生じやすく，両原子の電気陰性度の差が大きい。

Na 原子と Cl 原子から生じたイオンどうしが，イオン結合によって NaCl を形成する様子を図 15 に模式的に示す。原子から生じる各イオンの電子配置は，それぞれ原子番号が隣りで 18 族元素の Ne と Ar に一致する。両イオン間にクーロン力は働いているが，接近し過ぎると強い反発力 (斥力) が無視できなくなり，両方の力がつり合う原子間距離が存在する。イオン結合した陽イオンと陰イオンの原子核間の距離は，両イオンのイオン半径の和にほぼ等しい。

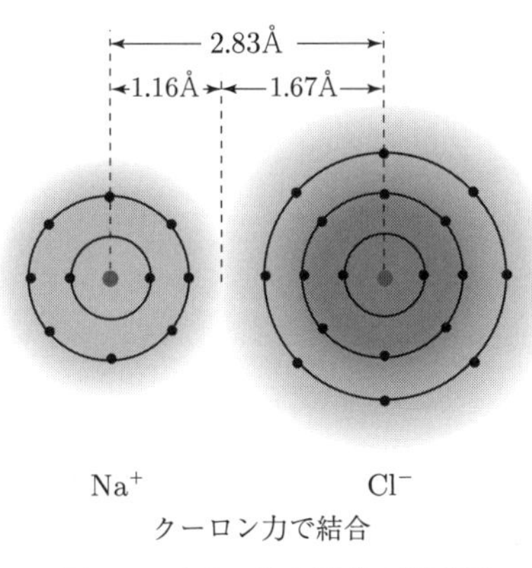

図 15: イオン結合形成の模式図

1-9-2 共有結合

2 つの水素原子が接近して，隣の原子核がもう一方の原子の電子を引き付けると，両方の原子の電子軌道が重なり合う。電子の軌道が重なると，図 16 のように，別々の水素原子上にあった合計 2 つの電子は，両方の原子に属して 2 つの原子を結び付ける。こ

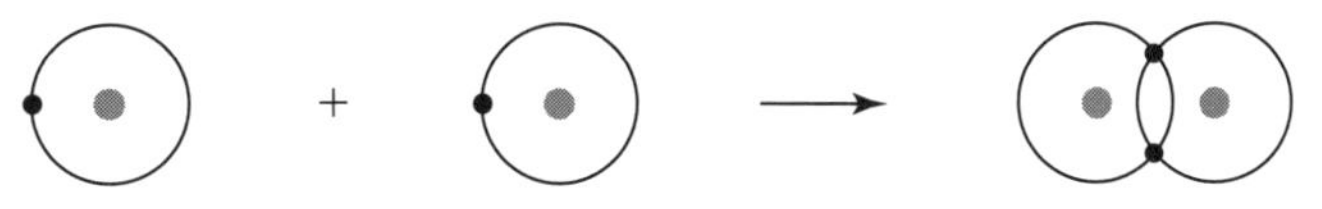

図 16: 共有結合で水素分子ができる考え方

のような結合は，各原子が互いの電子を共有していることから**共有結合**[50]といい，共有されている電子の対を**共有電子対**という。共有結合は，電気陰性度の差が比較的小さい原子どうし間で形成されやすい。結合を形成した後のそれぞれの原子の形式的な電子配置は，共有電子対を含めると安定な貴ガス型になる。

共有結合からなる分子は，新たに生じた**分子軌道**内で運動する電子と，複数の原子核から成り立つとみなすこともできる。現在では，分子軌道法を用いた理論計算によって，多数の電子を含む複雑な構造の分子についても，分子のさまざまな性質が解析されている。

1-9-3　金属結合

常温・常圧の金属は，液体の水銀[51]を除いてすべて固体である。**金属結合**している金属原子中の電子は，特定の原子核に強く束縛されている電子と，比較的自由に金属全体を動き回る電子に分けることができる。後者が原子どうしを結び付ける役割をしている。例えば，ナトリウムの場合には，金属結合を形成しているナトリウム原子中の3s軌道の電子は金属結晶内に一様に分布し，規則的に配列しているNa原子間を自由に運動して原子どうしを結び付けている。このような電子を**自由電子**という。固体としての形を保っている原子間の凝集力や，導電性[52]・光沢[53]・展延性[54]などの金属特有な性質のほとんどは，自由電子の働きによる。

1-9-4　配位結合

ふつうの共有結合は，2つの原子が同数の電子を出し合ってできる共有電子対を介して形成される。一方，非共有電子対をもつ分子やイオンが，他の分子やイオンがもつ空の電子軌道にその非共有電子対を与えると，新たな化学結合が形成される。このような化学結合を**配位結合**という。

アンモニア分子は，1つの窒素原子と3つの水素原子の間で，共有電子対をそれぞれ1対ずつつくって3本の共有結合を形成しており，その他に窒素原子上に1対の非共有電子対をもつ。水素イオンは空の電子軌道をもち，これがアンモニア分子中の窒素原子上にある1対の非共有電子対を受け入れて配位結合すると，アンモニウムイオンが形成される。このような配位結合でできたプラス電荷をもつ正四面体構造のアンモニウムイオン中では，窒素と水素原子を結び付ける4対の共有電子対は等価であり，どの結合がもとの非共有電子対かを区別できない。

遷移金属イオンは，配位結合を形成して錯体を形成しやすい。これは，遷移金属イオンが，非共有電子対を受け入れることができる空の電子軌道をもつからである。上述の例で，アンモニウムイオンを形成する水素イオンを遷移金属イオンに置き換えると，アンモニアが配位結合した錯体(アンミン錯体という)が生じる過程を理解しやすい。

例題 1-10 次の物質中の化学結合を，イオン結合，共有結合，金属結合に分類せよ。

(1) ダイヤモンド　(2) 塩化カルシウム　(3) 銀　(4) 酸素

解答 一般的に，同じ種類の原子間で結合を形成するときは共有結合である。陽イオンになりやすい原子と陰イオンになりやすい原子の間ではイオン結合が形成される。

(1) 共有結合。炭素原子が互いに電子を出し合って共有し，結合を形成している。

(2) イオン結合。カルシウムイオン Ca^{2+} と塩化物イオン Cl^- の間に形成される。

(3) 金属結合。銀は金属の単体であり，自由電子によって原子が結び付いている。

(4) 共有結合。酸素原子が互いに電子を出し合って共有し，結合を形成している。

1-9-5 分子間力

分子と分子の間に働く弱い力や相互作用を分子間力といい，ファンデルワールス力や水素結合などがある。

(1) ファンデルワールス力

HCl のように電荷の偏りをもつ極性分子では，ある分子の正の電荷をもつ部分と，他の分子の負の電荷をもつ部分の間に静電気的な引力が働いている。また，Ar や N_2 などの無極性分子の気体の温度を下げると凝縮して液体になる。このことは，無極性分子であっても，瞬間的な電子の偏りが生じ，分子の間には非常に弱い引力が働いていることを示している。このように，無極性分子の間に働く静電気的な引力や，すべての分子間に働く引力を合わせてファンデルワールス力[55)]という。構造や性質が似た分子では，分子量が大きくなるほどファンデルワールス力が大きくなる。これは，分子量が大きいほど一般に分子の体積も大きいため，瞬間的な電荷の偏りが大きくなるためである。

(2) 水素結合

N，O，F，Cl などのような電気陰性度 (1-8-4 参照) のかなり大きい原子と共有結合した水素原子は，相手原子がより強く電子を引き付けるために，結果的に電荷がプラスに偏っている。このような水素原子が，他の分子内の電気陰性度の大きな原子と接近して結合を形成することがある。このような結合を**水素結合**という。水素結合が原子間を結び付ける力は，5～30 kJ/mol 程度で，共有結合に比べると弱い。HF や H_2O 分子の集合体は，隣接分子どうしが 3 次元的な水素結合を形成することで安定化している。また，生体中の DNA やタンパク質が高次構造を保つ際にも，多数の水素結合が深くかかわっている。

■演習問題 1-9

1.28 次の文中の空欄 (1)〜(10) に当てはまる用語や元素記号を入れて，文を完成せよ。

電気陰性度の差が極めて ___(1)___ いナトリウムと塩素を反応させると， ___(2)___ 原子から ___(3)___ 原子の方へ 1 つの電子が移動し，両粒子間に ___(4)___ 的な引力が働いて ___(5)___ を形成する。また，異なる原子が共有結合している 2 原子分子では，2 原子間の電気陰性度の差が大きいほど，共有電子対が電気陰性度の ___(6)___ い原子の方に引き寄せられ，電荷の偏りは ___(7)___ くなり，分子の極性が ___(8)___ くなる。HF, HCl, HBr, HI では，HF の極性が最も ___(9)___ い。一方，同じ原子どうしが共有結合している 2 原子分子では，極性が ___(10)___ い。

1.29 O_2 分子の原子核間距離は 0.120 nm である。酸素原子の共有結合半径を求めよ。

1.30 次の文中の空欄 (1)〜(5) に当てはまる用語を入れて，文を完成せよ。

原子が結合に使う電子 (価電子) には，対になっているものと，なっていないものがある。対になっているとき電子対という。水素原子の電子は対になっておらず， ___(1)___ である。水素分子では，2 個の水素原子の電子が対になり，両原子に共有されている。このような結合を ___(2)___ といい， ___(2)___ を形成している電子対を ___(3)___ という。分子やイオン中で， ___(2)___ を形成していない電子対を ___(4)___ 電子対という。構造式で元素記号の間に描く棒線を ___(5)___ という。1 対の ___(2)___ を 1 本の棒線で表す。

1.31 原子を固有の半径をもつ球と仮定し，共有結合の結合距離 (原子核間の距離) から，原子の共有結合半径を求めることができる。炭素-炭素単結合の結合距離は 0.154 nm，炭素-塩素単結合では 0.179 nm，炭素-酸素単結合では 0.143 nm である。炭素，塩素，酸素の共有結合半径をそれぞれ求めよ。

1.32 次の物質中の化学結合を，イオン結合，共有結合，金属結合に分類せよ。

(1) 窒素 (2) 二酸化炭素 (3) 塩化マグネシウム (4) マグネシウム
(5) メタン (6) 二酸化ケイ素 (7) 塩化水素 (8) 酸化マグネシウム

1.33 次の文中の空欄 (1)〜(6) に当てはまる用語を入れて，化学結合についての文を完成せよ。

フッ化ナトリウム NaF と酸化カルシウム CaO の結晶は同じ結晶構造で，ともに ___(1)___ 力により結合している。 ___(1)___ 力は， ___(2)___ が一定であれば ___(3)___ の積に比例する。NaF と CaO のイオン半径の和はほぼ等しいので， ___(4)___ の方が融点が高いのは，イオン間に働くクーロン力が大きいためである。

ヨウ素の結晶中の分子どうしは， ___(5)___ 力により結合している。対称的な構造の分子でも， ___(6)___ の数が多くなるほど分子は分極しやすく，分子間の相互作用が大きくなる。

▌注釈

50) 共有結合は，1916年にルイスが提案した。

51) mercury; quicksilver ともいい，融点 $-38.8^\circ C$ である。

52) conductivity

53) metallic luster

54) expansibility

55) Johannes D. van der Waals (1837-1923) にちなむ名称。瞬間的な電荷の偏りによって生じる引力を分散力 (dispersion force) といい，狭義のファンデルワールス力は分散力をさす。広義のファンデルワールス力は分散力，配向力，誘起力をさす。ファンデルワールス結合ということもある。

1-10　原子量・分子量・物質量

1-10-1　原子量

原子1個の質量は大変小さく，SI単位系のキログラム単位で扱うのは不便である。IUPACは，質量数12の炭素原子 (^{12}C) 1個の質量を基準とし，さらに元素の同位体の存在比を補正して，元素ごとの**相対原子質量**[56] を決めている。^{12}C原子の相対質量は正確に12であり，他の元素はこれを基準とする相対値として**原子量**[57] を定義する。原子量に単位はつかない。

例題 1-11　ホウ素 (B) には ^{10}B, ^{11}B の同位体がそれぞれ19.9%, 80.1%存在する。それぞれの相対質量を10.0, 11.0として，ホウ素原子の原子量を求めよ。

解答　原子量は，各同位体の相対質量にその存在比を掛けて，足し合わせたものである。よって，原子量は $10.0 \times 0.199 + 11.0 \times 0.801 = 10.8$ となる。

1-10-2　分子量

分子式に含まれるすべての原子の原子量の和を**分子量**という。分子量は，原子量と同じく ^{12}C の質量を12とする相対質量である。分子のないイオン結晶，金属結晶などの物質については，組成式中の原子量の和を**化学式量** (**式量**) という。

1-10-3　物質量

国際単位系における1 mol は，$6.02214076 \times 10^{23}$ 個の要素粒子を含む**物質量**として定義されている。この数値の単位は mol^{-1} で，**アボガドロ定数**[58] N_{A} である。

モル質量[59] は，物質1 mol あたりの質量をグラム単位で表した量であり，原子量，分子量，化学式量などと g/mol の単位との積である。

例題 1-12　8.0 g の酸素分子について，次の値を求めよ。Oの原子量を16.0，アボガドロ定数を $N_{\mathrm{A}} = 6.02 \times 10^{23}$/mol とする。

(1)　物質量　　(2)　酸素分子の個数　　(3)　酸素原子の個数

解答　酸素分子の分子式は O_2，分子量は32.0である。

(1)　物質量は $8.0/32.0 = 0.25$ mol

(2)　物質量にアボガドロ定数を掛けることで分子の数を求めることができる。

$(8.0/32.0) \times (6.02 \times 10^{23}) = 1.5 \times 10^{23}$ 個

(3)　酸素分子 1 個に酸素原子は 2 個含まれているので，

$(8.0/32.0) \times (6.02 \times 10^{23}) \times 2 = 3.0 \times 10^{23}$ 個

演習問題 1-10

1.34　臭素には，^{79}Br, ^{81}Br の同位体がそれぞれ 50.7%, 49.3%存在する。それぞれの相対質量を 78.9, 80.9 として臭素原子の原子量を求めよ。

1.35　次の個数を求めよ。ただし，原子量は Na = 23.0, Al = 27.0 とする。

(1)　ナトリウム 4.60 g 中に含まれる原子

(2)　1.00 g のアルミニウムでできている 1 円硬貨 1 枚に含まれる原子

1.36　1.35 g の水について，次の値を求めよ。ただし，原子量は H = 1.0, O = 16.0 とする。

(1)　物質量

(2)　酸素原子の質量

(3)　水素原子の物質量

(4)　水素原子の個数

1.37　2.22 g の塩化カルシウムについて，次の値を求めよ。ただし，原子量は Ca = 40.0, Cl = 35.5 とする。

(1)　塩化カルシウムの物質量

(2)　Ca^{2+} の質量

(3)　Cl^- の物質量

(4)　Cl^- の個数

注釈

56)　記号 $A_r(E)$

57)　相対原子質量と同義である。

58)　Amedeo C. Avogadro (1776 - 1856) にちなむ名称。2019 年 5 月 20 日より以前は，0.012 kg (12 g) の質量数 12 の炭素に含まれる原子の数と等しい構成要素を含む物質量を 1 mol と定義していた。

59)　原子量や分子量は構成粒子 1 個あたりの定義である。厳密に区別される。

1-11　化学式と化学反応式

1-11-1　化 学 式

化学式は元素記号を使って物質を表す式で，分子式，イオン式，組成式 (実験式)，構造式，示性式，電子式などの総称である。化学式の表し方には，**IUPAC** 命名法[60] を用いる (付録の表 A.7，表 A.22 参照)。

分子式[61]: 分子を構成する元素の種類と数を表した化学式である。

(例)　N_2, CH_4, $C_6H_{12}O_6$

イオン式[62]: イオンを表す化学式である。イオンの電荷を価数という。代表的なイオンを表 14 に示す。

表 14: 代表的なイオンとイオン式

価数	陽イオン	イオン式	陰イオン	イオン式
1 価	水素イオン	H^+	フッ化物イオン	F^-
	リチウムイオン	Li^+	塩化物イオン	Cl^-
	ナトリウムイオン	Na^+	臭化物イオン	Br^-
	カリウムイオン	K^+	水酸化物イオン	OH^-
	銀イオン	Ag^+	硝酸イオン	$NO_3{}^-$
	銅 (I) イオン	Cu^+	酢酸イオン	CH_3COO^-
	アンモニウムイオン	$NH_4{}^+$	炭酸水素イオン	$HCO_3{}^-$
2 価	カルシウムイオン	Ca^{2+}	酸化物イオン	O^{2-}
	バリウムイオン	Ba^{2+}	硫化物イオン	S^{2-}
	亜鉛イオン	Zn^{2+}	硫酸イオン	$SO_4{}^{2-}$
	銅 (II) イオン	Cu^{2+}	炭酸イオン	$CO_3{}^{2-}$
	鉄 (II) イオン	Fe^{2+}	二クロム酸イオン	$Cr_2O_7{}^{2-}$
3 価	アルミニウムイオン	Al^{3+}	リン酸イオン	$PO_4{}^{3-}$
	鉄 (III) イオン	Fe^{3+}	窒化物イオン	N^{3-}

組成式[63]: 物質を構成する原子またはイオンの種類と，それらの最も簡単な整数比を示す化学式で，実験式[64] ともいう。

(例)　NaCl, C, Fe, CH_2O (分子式 $C_6H_{12}O_6$ の物質の組成式)

構造式: 分子中での原子間の結合の様式 (仕方) まで示す式である。1 組の共有電子対について 1 本の棒線 (価標) を用いて原子どうしを結んで示す。特徴のある官能基をひとまとめに示す示性式も使われる。

(例)

$$\begin{array}{ccccc} & H & & H & \\ & | & & | & \\ H- & C & - & C & -H \\ & | & & | & \\ & H & & H & \end{array} \qquad \begin{array}{c} H \diagdown \quad\quad \diagup H \\ C=C \\ H \diagup \quad\quad \diagdown H \end{array} \qquad H-C\equiv C-H$$

エタン　　エチレン　　アセチレン

電子式: 点電子式ともいい，元素記号のまわりに最外殻の電子や結合に使われている電子を点で描いた化学式である。1 個の電子を 1 つの点・で表す。

(例) $\cdot\overset{\cdot}{\underset{\cdot}{C}}\cdot$　　$:\overset{\cdot\cdot}{\underset{\cdot\cdot}{Cl}}\cdot$　　$:N\vdots\vdots N:$

炭素　　塩素　　窒素

1-11-2 化 学 反 応

物理変化は，物質の状態のみが変化することを示す。**化学変化**は，ある物質が別の物質に変化することで**化学反応**ともいう。

化学反応において，反応する物質を**反応物**または**基質**という。また，反応によって生じる物質を**生成物**という。化学反応には多様な種類があり，複数の観点から表 15 に示すように分類される。

表 15: 化学反応の分類例とその名称

関係する事項	該当する反応の名称
反応に及ぼすエネルギー energy of reaction	熱化学反応，光化学反応，電気化学反応など thermochemical, photochemical, electrochemical reaction, *etc.*
反応 reaction	酸化還元反応，縮合重合反応，付加反応，置換反応，不均化反応など oxidation-reduction, condensation polymerization, addition, substitution, disproportionation reaction, *etc.*
反応物質 reactant	イオン反応，ラジカル反応，核化学反応など ion, radical, nuclear chemistry reaction, *etc.*
反応相 reaction phase	気相反応，液相反応，固相反応，界面反応など gas phase, liquid phase, solid phase, interface reaction, *etc.*
反応機構 mechanism of reaction	1 次反応，2 次反応，高次反応など first order, second order, higher order reaction, *etc.*
反応分子数 number of molecules	単分子反応，2 分子反応，多分子反応など unimolecular, bimolecular, multimolecular reaction, *etc.*

1-11-3 化学反応式

化学反応式は，化学反応に関与する物質間の関係を，反応物と生成物の化学式と係数で表す。イオンや電子を，反応物や生成物とすることがある。化学反応の前後で，質量と電荷がつり合っていなければならない。

(1) 反応物の化学式を左辺 (反応の原系) に，生成物の化学式を右辺 (反応の生成系) に書き，同じ原子の数が左辺と右辺で等しくなるように**化学量論係数**を物質の前につける。係数が1のときは記入しない。

(2) 左辺から右辺への変化を**正反応**，右辺から左辺への変化を**逆反応**という。正反応の左辺と右辺は → でつなぐ。また，正反応と逆反応がともに起こるとき**可逆反応**[65)]といい，左辺と右辺を ⇄ でつなぐ。

(3) 反応に伴う熱の収支を考える場合など，反応物や生成物の状態も示す必要があるときは，化学式の後に気体 (g)，液体 (l)，固体 (s) を明記する。

(4) → や ⇄ の上や下に反応条件 (温度，触媒，溶媒など) を記入することがある。

1-11-4 化学反応の基本法則

ラボアジェ (Laurent de Lavoisier, 1743 - 1794) は，化学反応の前後で物質の総質量が変化しない**質量保存の法則**を 1774 年に発見した。プルースト (Joseph L. Proust, 1754 - 1826) は，化合物中の成分元素の質量比が一定な**定比例の法則** (**一定組成の法則**) を 1799 年に発見した。定比例の法則に従う物質をドルトナイド化合物 (daltonide compound)，従わない物質をベルトライド化合物 (berthoride compound) ともいう。

ドルトン (John Dalton, 1766 - 1844) は，2 種類の元素からなる化合物が複数種類あるとき，一方の元素の一定量に化合する他方の元素の質量比が簡単な整数比になる**倍数比例の法則**を発見した。

例題 1-13 1.0 g の水素が次の化学反応式に従って反応した。以下の問いに答えよ。原子量は H = 1.0，O = 16.0，アボガドロ定数は $N_A = 6.02 \times 10^{23}$ /mol とする。

$$2H_2 + O_2 \rightarrow 2H_2O$$

(1) 1.0 g の水素の物質量は何 mol か。

(2) 反応した酸素の物質量 (mol) と質量 (g) を求めよ。

(3) 生成した水の物質量 (mol)，質量 (g)，分子数を求めよ。

(4) この反応において，質量保存の法則が成立していることを確かめよ。

解答 (1) H_2 の分子量は 2.0 なので，反応した H_2 の物質量は $1.0/2.0 = 0.50$ mol である。

(2) 反応した H_2 と O_2 の物質量比は 2:1 なので，O_2 の物質量は $0.50/2 = 0.25$ mol である。これに O_2 の分子量 32.0 を掛けると，反応した O_2 の質量は $0.25 \times 32.0 = 8.0$ g となる。

(3) 反応した H_2 と生成した H_2O の物質量は等しいので，H_2O の物質量は 0.50 mol である。これに H_2O の分子量 18.0 を掛けると，生成した H_2O の質量は $0.50 \times 18.0 = 9.0$ g となる。生成した H_2O の分子数は $0.50 \times (6.02 \times 10^{23}) = 3.0 \times 10^{23}$ 個である。

(4) 反応物 (H_2 と O_2) の質量の和は $1.0 + 8.0 = 9.0$ g，生成物 (H_2O) の質量は 9.0 g であるから，質量保存の法則が成立していることがわかる。

■演習問題 1-11

1.38 化学式には，分子式，組成式，イオン式，電子式，構造式などがある。次の物質を（ ）内に指定した種類の化学式で示せ。

(1) 水 (分子式)　(2) 塩化ナトリウム (組成式)　(3) 塩化カルシウム (組成式)
(4) マグネシウムイオン (イオン式)　(5) 炭酸イオン (イオン式)
(6) アンモニア (電子式)　(7) メタン (電子式)　(8) 窒素 (構造式)
(9) 二酸化炭素 (構造式)

1.39 次の問いに答えよ。

1. 次の (1)〜(3) は，HNO_3 を工業的に得る反応を段階的に示している。反応式に係数を与えて，反応式を完成せよ。

(1) $NH_3 + O_2 \rightarrow NO + H_2O$

(2) $NO + O_2 \rightarrow NO_2$

(3) $NO_2 + H_2O \rightarrow HNO_3 + NO$

2. (1)〜(3) の反応式から，アンモニアと酸素を原料として HNO_3 を合成する反応を 1 つの反応式にまとめよ。

3. HNO_3 の名称と，この工業的製法名を答えよ。

1.40 2.8 g の窒素が，次の反応式に従って反応した。以下の問いに答えよ。ただし，原子量は H = 1.0, N = 14.0 とする。

$$H_2 + N_2 \rightarrow NH_3$$

1. 反応式に係数を与えて，反応式を完成せよ。

2. 反応した水素の物質量 (mol) と質量 (g) を求めよ。

3. 生成したアンモニアの質量 (g) を求めよ。

4. この反応は，アンモニアの工業的製法である。この製法名と，化学反応前後の総質量は変化しないことを表す法則名を答えよ。

1.41 次の反応式は，メタン 1.0 mol を完全燃焼させる反応を示している。反応式に係数を与えて，反応式を完成せよ。また，各々の質量 (g)，標準状態における気体の体積 (L)，標準状態における分子数 (個)，分子 1 個あたりの質量 (g) を答えよ。ただし，この反応は標準状態で起こり，反応中の気体はすべて理想気体とする。アボガドロ定数は 6.022×10^{23}/mol とし，1 mol の理想気体は標準状態で 22.4 L の体積を占めるものとする。

$$CH_4 + O_2 \rightarrow CO_2 + H_2O$$

1.42 次の化学変化を表す化学反応式を書け。

1. カルシウムを水と反応させると，水酸化カルシウムと水素が生じる。

2. 水酸化カルシウム水溶液に二酸化炭素を通すと，炭酸カルシウムの沈殿が生じる。

▌注釈

60)　国際純正および応用化学連合 (IUPAC (International Union of Pure and Applied Chemistry)) が定める規則に基づく命名法。

61)　構成元素の数を右下付きに示し，1 のときは省略する。

62)　イオンを構成している原子または原子団の化学式の右上に電荷数を書き，その後にプラス，マイナスの符号をつける。

63)　分子の単位をもたないイオン結晶，共有結合結晶，金属結晶などの化学式も組成式で表す。

64)　元素分析の結果から得られることに由来する。

65)　燃焼反応のように，もとの反応物に戻ることのない反応は**不可逆反応** (irreversible reaction) である。

化学と SDGs

2015 年 9 月 25-27 日，ニューヨーク国連本部において「国連持続可能な開発サミット」が開催され，その成果文書として「我々の世界を変革する：持続可能な開発のための 2030 アジェンダ」が採択された。アジェンダは，人間，地球及び繁栄のための行動計画として，宣言および目標をかかげた。この目標が，17 の目標と 169 のターゲットからなる「持続可能な開発目標 (SDGs：Sustainable Development Goals) *」である。そして，2020 年 1 月，SDGs 達成のための「行動の 10 年 (Decade of Action)」がスタートした。世界各国が目標達成のために取り組んでいる。

さて，相互に関連する 17 の目標の中で，化学は次の 3 つに特に関係している。

この本の読者の皆さんの多くは大学で化学を勉強している人だろう。皆さんは化学を用いてどのように SDGs に貢献できるだろうか。

例えば，量子化学計算や分子動力学計算を用いてコンピュータでシミュレーションを行い，材料の性質を予測することで，新たな材料を開発することができる。このような化学の分野を計算化学やコンピュータ化学という。量子化学計算においては，この章で学んだ電子軌道や電子配置の概念と理解がとても重要である。また，近年，特に盛んになっているのが，AI (人工知能) を用いた材料開発である。「既存の材料の組成や材料の結晶構造など」と「材料の機能」の関係性をコンピュータに学習させることにより，新しい材料を効率的に開発することができる。

このように，計算化学や AI を活用して材料を開発することにより，開発に伴うコストや資源，エネルギーの節減につながる。今の時代，個人用の小型のノートパソコンでもこのような計算は容易に実行できる。このようなシミュレーションを行うためのソフトウェアは数多くあるので †，興味のある人は自分のパソコンにインストールしてシミュレーションを行ってみるとよい。皆さんの興味から技術革新が生まれるかもしれない。

＊ SDGs は，ミレニアム開発目標 (MDGs：Millennium Development Goals, 2015 年までに達成すべき 8 つの目標) の後継である。

† 量子化学計算のための有料のソフトウェアとしては，Gaussian が最も有名である。MOPAC, GAMESS など無料のものもある。また，分子動力学計算のための無料のソフトウェアとしては，GROMACS, LAMMPS, NAMD などが有名である。インターネットで検索してみるとよい。

Ⅱ 編

物質の状態と変化

2-1　物質の三態

2-1-1　固体・液体・気体

水は常温・常圧ではほとんどが液体の状態で，その液体に接している気体の状態にある水蒸気の量は少ない。より低温では雪や氷などの**固体**に状態が変化する。これら3つの状態を物質の三態といい，外界の条件によって，物質はいずれかの状態をとる。ある温度と圧力の下で三態のいずれになるかは，物質を構成している粒子の集合状態や運動状態によって決まる。

（1）　固体

固体は，構成粒子が密に集合し，熱運動による粒子の移動は限られている。このため固体は，一定の形と体積をもつ。ただし，固体中でも原子や分子のレベルでは振動や回転が起きており，構成粒子の状態は常に変化している。固体は，固体の中で粒子が規則的に配列した構造をもつ**結晶**と，粒子の配列が不規則な**非晶質**(アモルファス) に分類できる。

（2）　液体

液体中の構成粒子は，位置の規則性と方向性を失っており，互いの位置を交換して流動性を示す。液体中の粒子は，固体中よりも加熱による熱運動が大きくなり，粒子が移動する。多くの固体は，液体になると体積が 10%程度増加する (水は，例外的に体積が減少する)。

（3）　気体

不揮発性の液体を除くと，大気中にある液体の表面から気体が蒸発する。物質を加熱すると，粒子の熱運動は激しくなり，蒸発はより盛んになる。粒子の熱運動が粒子間の引力よりも大きい熱エネルギーを与えられると，粒子は空間に飛び出す。このような状態が気体である。一定質量の水が液体から気体になると，その体積は同じ温度・圧力で約 1240 倍になる。

物質の三態において，固体が液体になる変化を**融解**，液体が固体になる変化を**凝固**という。また，液体が気体になる変化を**蒸発** (**気化**)，気体が液体になる変化を**凝縮** (**液化**) という。さらに，液体の状態を通らずに，固体が気体になる変化を**昇華**，気体が固体になる変化を**凝華**という。これらを**状態変化**や**相変化**という。図 17 にこれらの変化を模式的に示す。

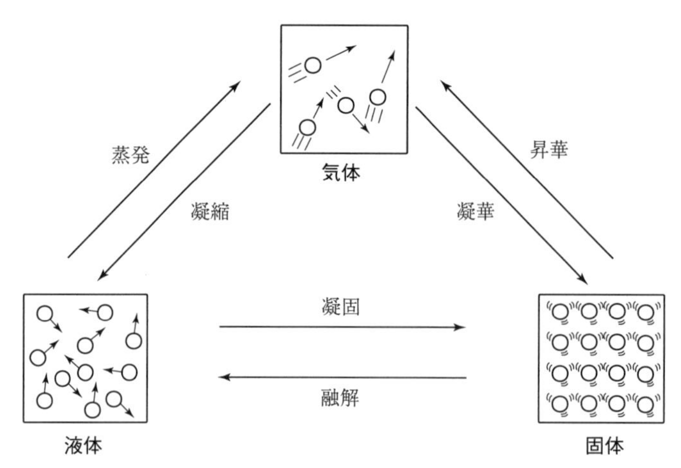

図 **17:** 物質の三態と状態変化

2-1-2 状 態 図

物質の状態と温度，圧力の関係を示した図を**状態図**という。図 18 に水の状態図を示す。S, L, G はそれぞれ固体，液体，気体を示す。この図では，S が氷，L が水，G が水蒸気である。点 T の温度 (0.01°C) と圧力 (0.006 atm) の条件下では，三態が同時に存在する。この点 T を三重点という。

状態図の T−A, T−B, T−C 曲線は，それぞれ**昇華圧曲線**，**融解圧曲線**，**蒸気圧曲線**を示しており，それらの線上の温度と圧力の条件では，接している 2 つの状態が同時に存在できる。点 T から T−C 曲線に沿って温度・圧力を上昇させると，温度 374.15°C，圧力 218 atm の**臨界点**に達する。この臨界点を超える温度・圧力の**超臨界状態**は，気体と液体の区別がつかない特殊な状態である。

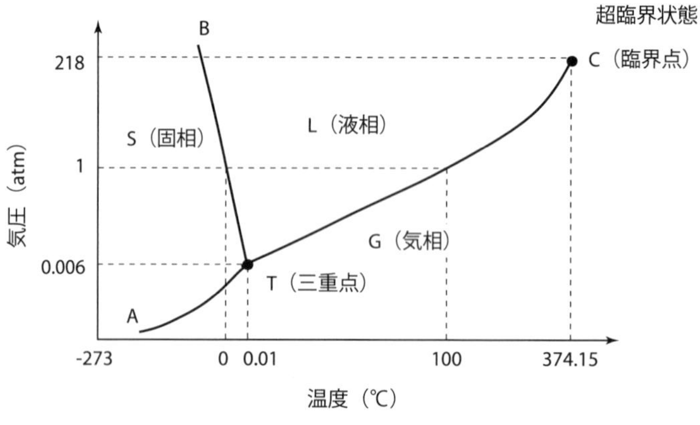

図 **18:** 状態図 (水の場合)

2-1-3 液　晶

テレビやパソコンなどのディスプレーに利用されている**液晶**は，液体と結晶の中間状態である。液晶は結晶のように分子の配列に方向性をもちながら，液体のような流動性をもつ。**ネマチック液晶分子**は，細長い棒状の分子構造をもち，**光学異方性**(**複屈折**)，**誘電率異方性**[66] などをもつ。図 19 に細長い棒状の構造をもつ分子の配列を模式的に示す。図のように，ネマチック液晶の分子は，一定の方向に揃う性質をもち**配向膜**をつくる。配向膜に電圧などの刺激を与えると，液晶分子の並び方が変わる。液晶分子の並び方が光を透過したり，さえぎったりすることを利用して，表示デバイスがつくられている。

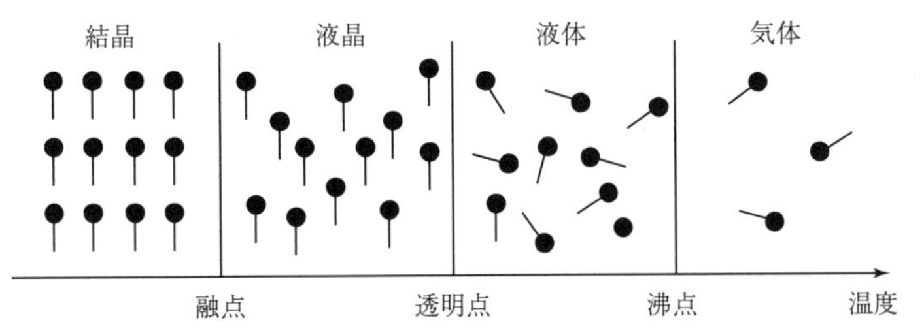

図 19: 細長い棒状の分子による結晶，液晶，液体，気体の状態

例題 2-1　0°C の氷 1.0 g を加熱して，すべて 100°C の水蒸気にするのに必要な熱量は何 kJ かを有効数字 2 桁で答えよ。ただし，氷の融解熱を 6.0 kJ/mol，水の比熱は 4.2 J/(g·K)，水の蒸発熱を 41.0 kJ/mol，水の分子量を 18 とする。

解答　水 1.0 g の物質量は，$1.0/18 = 0.0556 \approx 0.056\,\mathrm{mol}$

(1)　0°C の氷 1.0 g (0.0556 mol) を 0°C の水にするのに必要な熱量は

$$6.0\,\mathrm{kJ/mol} \times 0.0556\,\mathrm{mol} = 0.334 \approx 0.33\,\mathrm{kJ}$$

(2)　0°C の水 1.0 g を 100°C の水にするのに必要な熱量は

$$\frac{4.2}{1000}\,\mathrm{kJ/(g{\cdot}K)} \times 1.0\,\mathrm{g} \times (100-0)\,\mathrm{K} = 0.42\,\mathrm{kJ}$$

(3)　100°C の水 1.0 g (0.0556 mol) を 100°C の水蒸気にするのに必要な熱量は

$$41.0\,\mathrm{kJ/mol} \times 0.0556\,\mathrm{mol} = 2.280 \approx 2.3\,\mathrm{kJ}$$

(1) + (2) + (3) で 0.33 + 0.42 + 2.28 = 3.03 kJ となる。よって，必要な熱量は 3.0 kJ である。

演習問題 2-1

2.1　次の (1)〜(3) の状態変化について答えよ。

(1) 気体 → 液体　　(2) 液体 → 固体　　(3) 固体 → 気体

1.　(1)〜(3) の変化をそれぞれ何というか。

2.　(1)〜(3) の変化に伴う熱は，発熱か吸熱か答えよ。

3.　常温・常圧下で (3) の変化がみられる物質の例を 3 つあげよ。

4.　同じ物質 1 mol の沸点における (1) の変化に伴う熱と，融点における (2) の変化に伴う熱の絶対値は，どちらが大きいか。

2.2　次の問いに答えよ。

1.　ドライアイスを融解させて液体にする方法を考えよ。

2.　-1°C の氷を -1°C の水にする方法を考えよ。

注釈

66)　分極のしやすさに異方性があること。ネマチック液晶分子は細長い形状をしており，長軸方向に分極しやすい。

高校生の発見が学術雑誌に掲載

皆さんは，学術論文は大学や研究所に所属している人が書くものと思ってるかもしれないが，実は高校生が発見したことがアメリカ化学会の学術雑誌「Journal of Physical Chemistry A」に論文として掲載されたことがある。

https://pubs.acs.org/doi/10.1021/jp200103s

茨城県立水戸第二高等学校の数理学同好会に所属していた女子高生らが発見したのは，色が周期的に変化する化学振動反応であるベロウソフ-ジャボチンスキー反応 (Belousov-Zhabotinsky 反応：BZ 反応) に関するもので，週末に実験して振動反応が止まったところで，実験をそのままにしてカラオケに行き，次の週の月曜日に学校へ来てみたら液の色が変わっていた，というのが発見につながった。

この研究内容は，日本化学会関東支部主催の第 26 回 (2009) 化学クラブ研究発表会などでも報告され，さらにこの結果を 2010 年度日本物理学会の Jr. セッションにて発表したところ，University of Texas at Austin の Petrosky 教授に論文の執筆を勧められた。

BZ 反応は，色が周期的に変わる面白さから化学実験の題材として人気があり，この化学振動が「どのようにして起こるのか」はよく文献に書かれているが，「どのようにして止まるのか」は詳しい記述がなく，この問題について探求した論文となった。

学校の授業で行っている化学実験でも，思わぬところから新発見につながることがあるかもしれない。

2-2　気体の性質

2-2-1　ボイル－シャルルの法則

気体が占める体積 (V) は，温度 (T) や圧力 (P) によって，一定の関係式に基づいて大きく変化する (図 20)。

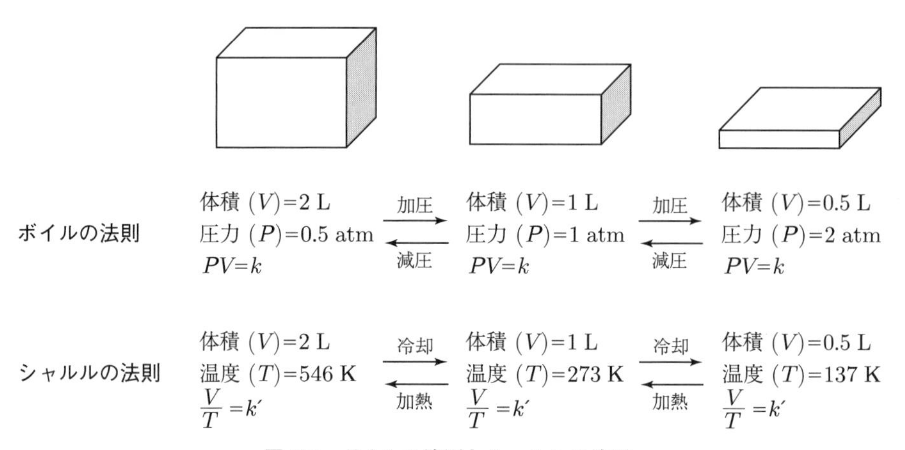

図 **20:** ボイルの法則とシャルルの法則

一定温度における一定量の気体の体積は，圧力に反比例する。この関係は式①で示され，ボイルの法則[67] という。

$$PV = k \qquad (k \text{ は定数}) \qquad \cdots ①$$

また，一定量の気体の体積は，一定圧力のもとで温度が 1°C 上昇すると 0°C のときの体積 (V_0) の 1/273.15 ずつ増加する関係をシャルル[68](Jacques A. C. Charles, 1746－1823) が発見し，ゲーリュサック[69](Joseph L. Gay-Lussac, 1778－1850) が実証した。この関係は，t (°C) のときの体積を V として

$$V = V_0 + V_0\left(\frac{t}{273.15}\right)$$
$$= V_0\left(1 + \frac{t}{273.15}\right) \qquad \cdots ②$$

で表される。式②は，気体の体積が $t = -273.15$°C で理論上 0 になることを示す。

トムソン[70](William Thomson, 1824－1907) は，−273.15°C (**絶対零度**) を基準とす

る $T(\mathrm{K}) = 273.15 + t\ (^\circ\mathrm{C})$ で定義される**絶対温度**[71] を提唱した。この関係式を式②に代入すると

$$V = k'T \qquad (k' \text{ は定数}) \qquad \cdots ③$$

となる。したがって，圧力一定のとき一定量の気体の体積は，絶対温度に比例することがわかる。この関係を**シャルルの法則**という。

式①のボイルの法則と式③のシャルルの法則を，式④にまとめることができる。

$$\frac{P_1V_1}{T_1} = \frac{P_2V_2}{T_2} \qquad \cdots ④$$

すなわち，一定量の気体の体積は，圧力に反比例し，絶対温度に比例する。この関係式を**ボイル‐シャルルの法則**という。

2-2-2　理想気体の状態方程式

粒子の大きさと粒子間の相互作用を無視した気体を**理想気体**という。理想気体は，温度と圧力を一定にすると，占める体積は物質量のみに比例する。また，ボイル‐シャルルの法則より，1 mol の理想気体の体積 V_a が絶対温度 T に比例し，圧力 P に反比例する関係は，**気体定数** R を用いて

$$V_\mathrm{a} = R\frac{T}{P} \qquad \cdots ⑤$$

で表される。物質量 n (mol) の気体の体積 V は，1 mol の n 倍である。これを**アボガドロの法則**という。そこで，このアボガドロの法則を示す式，$V = nV_\mathrm{a}$ を式⑤に代入すると

$$PV = nRT \qquad \cdots ⑥$$

が得られる。この式を**理想気体の状態方程式**という。0°C，1.013×10^5 Pa の標準状態[72] にある理想気体は 22.4 L の体積を占めるので，気体定数 R は 8.31 J/(mol·K) または 8.31×10^3 Pa·L/(mol·K) となる。

2-2-3　混合気体

互いに反応しない気体 A と B を容器に入れて放置すると，均一な**混合気体**ができる。その混合気体が示す圧力 P を**全圧**という。また，混合気体中の成分気体が示す圧力 P_A (または P_B) を気体 A (または B) の**分圧**という。この混合気体の全圧は，気体 A と B の分圧の和に等しいので

$$P = P_\mathrm{A} + P_\mathrm{B} \qquad \cdots ⑦$$

が成り立つ。すなわち，一定の体積をもつ容器内の混合気体の全圧は，同じ体積の容器内で成分気体が別々に示す圧力の和に等しい。これを**ドルトンの分圧の法則**[73] という。

2-2-4 実在気体

窒素や二酸化炭素などの**実在気体**は，高圧や低温の条件下で液体や固体に状態が変化する。このような状態変化は，実在気体の粒子が有限の体積をもち，粒子間に相互作用が働くために起こる。ファンデルワールスは，理想気体で無視するこれらの効果を補正して

$$\left(P' + \frac{an^2}{V'^2}\right)(V' - nb) = nRT \qquad \cdots ⑧$$

を導いた。これを**ファンデルワールスの状態方程式**といい，かなり広い圧力範囲で成り立つ。ここで，a は気体の種類に固有な粒子間に働く力に関する比例定数で，b はその気体粒子 1 mol が占める体積である。

2-2-5 気体の溶解度

気体の液体 (溶媒) への溶解度は低温ほど大きい。気体の溶解度は，溶媒に接している気体の圧力が 1.013×10^5 Pa (1 atm) のとき，溶媒 1 L に溶解する気体の体積 (mL) を標準状態に換算して表す。

2-2-6 ヘンリーの法則

気体の溶媒への溶解度と圧力の関係を**ヘンリーの法則**[74] という。気体の溶解度は，温度が一定のとき，溶媒に接している気体の圧力が高くなるほど増大する。

例題 2-2 27 °C，1.5×10^5 Pa で 5.0 L の気体が 77 °C，1.0×10^5 Pa になると体積は何 L になるか。

解答 ボイル - シャルルの法則を用いる。求める体積を V [L] とおくと

$$\frac{P_1V_1}{T_1} = \frac{P_2V_2}{T_2}$$

$$\frac{(1.5 \times 10^5)\,\mathrm{Pa} \times 5.0\,\mathrm{L}}{(27 + 273)\,\mathrm{K}} = \frac{(1.0 \times 10^5)\,\mathrm{Pa} \times V\,\mathrm{L}}{(77 + 273)\,\mathrm{K}}$$

これを解いて $V = 8.75$ L。有効数字 2 桁なので，求める体積は 8.8 L である。

▌演習問題 2-2

2.3 800.0 cm^3 の体積が変化しない空の容器に二酸化炭素を入れて，20.0°C で 4.136×10^3 mmHg になったとき，容器中に二酸化炭素は何 g あるか。

2.4 ある日，早朝 8.0°C の気温が，午後に 35.2°C まで上昇した。ヘリウムを入れて密封した形の変わる丸い風船のヘリウム濃度 (mol/L) は，午後に午前の何倍になるか。ただし，大気圧は一定とする。

2.5　水素 1.0 g とヘリウム 5.0 g の混合気体がある。20°C，5.0×10^5 Pa における体積 (L) を求めよ。

2.6　体積 4.0 L の容器 A に 5.6 g の窒素が入っている。体積 2.0 L の容器 B には 9.6 g の酸素が入っている。容器 A と B をつないで 60°C で長時間放置したとき，容器内の全圧 (Pa) と窒素の分圧 (Pa) を求めよ。ただし，容器 A, B の体積は変化しないものとする。

2.7　1.00 L の容器中に 16.0 g の酸素が入っている。27.0°C における圧力 (Pa) を，理想気体の状態方程式とファンデルワールスの状態方程式を用いて求めよ。ただし，酸素の a は 136 kPa·L^2/mol^2，b は 0.0318 L/mol とする。

2.8　20°C，1.013×10^5 Pa のもとで，水 1.00 L に溶ける酸素と窒素の体積は標準状態に換算して，それぞれ 32.0 mL と 16.0 mL である。次の問いに答えよ。ただし，空気は窒素と酸素が体積比で 4:1 の割合で混合した理想気体で，標準状態でのモル体積は 22.4 L/mol である。また，分子量は $N_2 = 28.0$，$O_2 = 32.0$ とする。

1.　20°C で 1.013×10^5 Pa の酸素が 1.00 L の水と接しているとき，水に溶解している酸素の質量 (g) を求めよ。

2.　20°C で 1.013×10^5 Pa の空気が 1.00 L の水と接しているとき，水に溶解している窒素と酸素の体積比を求めよ。

3.　20°C で 1.013×10^5 Pa の空気が 1.00 L の水と接しているとき，水に溶解している窒素と酸素の質量の比を求めよ。

▌注釈

67)　ボイル (Robert Boyle，1627–1691) が 1662 年に発見した。

68)　1787 年にシャルルの法則を発見した。

69)　1801 年にシャルルの法則を定式化し，発見者の 1 人とされる。

70)　1848 年に提唱した。ケルビン卿 (Lord Kelvin) として知られ，絶対温度の単位にはこの称号名が用いられる。

71)　すべての分子運動が止まる絶対零度を 0 K として，水の三重点の熱力学温度 (273.16 K) の 1/273.16 倍を 1 K として定義された。現在は，ケルビン温度からセルシウス温度 (°C) が定義されている。

72)　0°C，1 atm = 1.013×10^5 Pa の状態をいう。

73)　ドルトンが 1803 年に論文を発表した。

74)　ヘンリーが 1803 年に論文を発表した。

真　空

「色即是空」は，仏教世界の基本的な原理である。よく知られるこの四文字熟語に表れる「空」は，何も存在しないことを説くために使われている。「真空」は，気体粒子を含め，あらゆる物質の存在しない宇宙空間と同じである。760 mm 以上の一端を閉じた長いガラス管に水銀を満たして，水銀浴中に倒立させると上部に真空が現れる (図 21)。1643 年にトリチェリ (Evangelista Torricelli，1608 - 1647) が実験し，圧力単位の Torr はその名前にちなんでいる。水銀の表面と接している大気圧が水銀を押し上げるので，大気圧が水銀柱の 760 mm とつり合うだけの力をもつことがわかる。ただし，この空間にはその温度での水銀蒸気が飽和しており，真の空ではない。

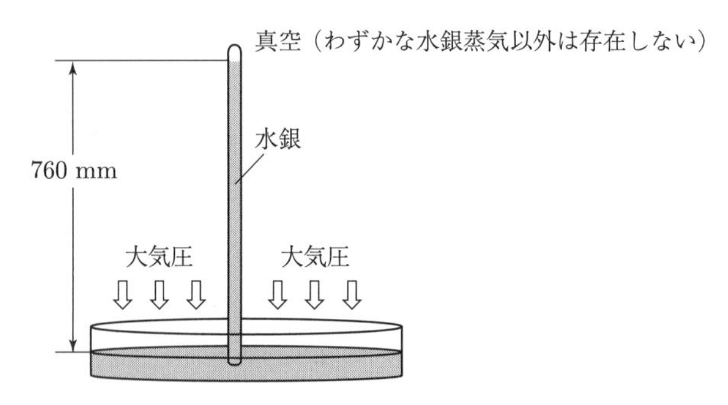

図 21: トリチェリの真空

また，中をくり抜いた金属製の半球を押し付ける大気圧の大きさを知る実験として，マクデブルク市長だったゲーリケ (Otto von Guericke，1602 - 1686) が 1654 年に行ったマクデブルクの半球も有名である。濡らした動物性の皮パッキングで半球の間を挟み，真空ポンプで中の空気を抜いて実験した (図 22)。

現在，真空をつくるには，ロータリーポンプ，オイル拡散ポンプ，ターボ分子ポンプ，イオンポンプなどの高性能なポンプが使われる。真空技術によって，現代的な半導体技術が飛躍的に発展した。真空中では，原子やイオンが空気の分子と衝突することなく操れるので，半導体基板上に目的とする化合物の膜などをつくることができる。このような方法は**物理的気相堆積** (physical vapor deposition; 略号 PVD) 法といわれ，１つ１つの原子やイオンのレベルで強制的に化学結合を形成させている。ただし，真空をつくることや，製造した材料を常圧に戻す必要があり，装置も大型で大きなエネルギーを消費する。

環境に配慮して，PVD 法のような微細加工制御を化学的にできるようになることは重要で，ナノテクノロジーのさらなる発展が期待される。

図 22: マクデブルクの半球 (山本和正 他著 (1993) より)

2-3　溶液の濃度

2-3-1　溶液の濃度

物質を液体に溶解して得られる均一な混合物を溶液という。液体に溶解した物質を溶質，溶解させた液体を溶媒という。特に，溶媒が水の溶液を水溶液という。食塩水，酒，炭酸水のように，溶媒に溶解する溶質の三態は，常温・常圧で固体 (塩化ナトリウム)，液体 (エタノール)，気体 (二酸化炭素) のいずれでもよい。

溶質には，砂糖やエタノールのように分子の状態で水に溶解する物質と，塩化ナトリウムのように水中でイオンに電離して溶解する物質がある。前者を**非電解質**，後者を**電解質**という。二酸化炭素自身は電離しないので非電解質であるが，水に溶解した二酸化炭素の一部分は水と反応してイオンを生じるので，得られた炭酸水は電解質溶液である。

2-3-2　質量パーセント濃度

質量パーセント濃度は，溶液の質量 (g) に対する溶質の質量 (g) を百分率 (10^2 分率) で表した濃度で，その記号は%または**質量%**[75] である。質量パーセント濃度は，溶質と溶媒の質量のみに依存し，両成分の化学構造や分子数に無関係に決まる。

2-3-3　モ ル 濃 度

モル濃度[76] は，溶液 1 dm^3 (1 L) 中に含まれる溶質の物質量 (mol) を表す濃度で，その単位は mol/dm^3 または mol/L である。容量分析などによく用いられる。

2-3-4　質量モル濃度

溶液の体積は温度に依存するため，溶液のモル濃度は温度によって変化する。このため，溶液の温度変化を伴う沸点上昇や凝固点降下のような現象を定量的に扱うときにモル濃度を使うのは不適切であり，**質量モル濃度**が用いられる。質量モル濃度は，溶媒 1 kg に溶解した溶質の物質量 (mol) で表した溶液の濃度で，その単位は mol/kg である。

2-3-5　飽和溶液と溶解平衡

溶質を溶媒に溶ける限界の量まで溶解した溶液をその温度での**飽和溶液**，溶質が溶媒に溶ける限界量に達していない溶液を**不飽和溶液**という。不飽和溶液は，その温度での飽和溶液になるまで溶質をさらに溶解できる。

溶質の固体がその飽和溶液に接しているとき，温度が一定であれば固体の量と溶解している溶質の量は変化しない。これは，固体の表面から溶質が溶解する速度と，飽和溶液中の溶質が固体として析出する速度が等しいためで，溶解も析出も起きていないように見える。このような溶液の状態を**溶解平衡**にあるという。

2-3-6　溶解度と溶解度積

飽和溶液中の溶媒と溶質の量関係は**溶解度**で表される。固体の溶解度は，溶媒 100 g に飽和する溶質の質量をグラム単位で表した数値で示す。ある温度における物質 A の溶解度が 40 のとき，溶媒 100 g に物質 A は 40 g まで，この温度で溶解できることを示す。特定の溶媒に対する物質の溶解度は温度によって変化し，**溶解度曲線**はその関係を示す。多くの固体の水への溶解度は温度が高いほど大きいが，水酸化カルシウムのように逆の関係にある物質もある。

溶解度が小さい難溶性の塩は，沈殿として析出しやすい。溶解平衡に達している溶液中の各イオンのモル濃度の積は温度で決まる定数で，**溶解度積**という。溶解度積は，沈殿の生成反応式から定義され，無機イオンの分析に利用されている (3-1-6 参照)。

例題 2-3　硫酸銅 (II) ($CuSO_4$) の水に対する溶解度は 60°C で 40 である。硫酸銅 (II) 五水和物 ($CuSO_4 \cdot 5H_2O$) の結晶 50 g を水に溶かして 60°C の飽和水溶液をつくりたい。必要な水は何 g か。ただし，式量は $CuSO_4 = 160$，$CuSO_4 \cdot 5H_2O = 250$ とする。

解答　$CuSO_4 \cdot 5H_2O$ 50 g に含まれる $CuSO_4$ (無水塩) の質量は

$$50\,\mathrm{g} \times \frac{160}{250} = 32\,\mathrm{g}$$

水和物を水に溶かすと，無水塩の質量のみが溶質に加わるので必要な水を x [g] とおくと

$$\frac{溶質}{溶媒} = \frac{32\,\mathrm{g}}{(x+50)\,\mathrm{g}} = \frac{40\,\mathrm{g}}{(100+40)\,\mathrm{g}}$$

これを解いて $x = 62\,\mathrm{g}$ となる。

▌演習問題 2-3

2.9　食塩水の溶媒と溶質を答えよ。

2.10　モル質量が M (g/mol) の溶質 a (g) を水に溶解して，水溶液 w (g) を得た。この水溶液の密度は，常温で d (g/mL) であった。この水溶液の常温でのモル濃度 (mol/L) と質量パーセント濃度 (%) を式で表せ。

2.11　酢酸を水に溶解して，モル濃度が 0.100 mol/L の酢酸水溶液を 1.00 L 調製したい。必要な酢酸の体積 (mL) を有効数字 3 桁で求めよ。ただし，原子量は H = 1.00, C = 12.0, O = 16.0，酢酸の密度は常温で 1.05 g/mL である。

2.12　市販の濃硫酸 (96.0 %，密度 1.84 g/cm^3) から 3.00 mol/L の希硫酸 0.500 L を調製したい。次の問いに答えよ。ただし，原子量は H = 1.00, O = 16.0, S = 32.0 とする。

1.　必要な濃硫酸の体積 (mL) を有効数字 3 桁で求めよ。

2.　メスシリンダー，ビーカー，ガラス棒，メスフラスコを使用して，この希硫酸を調製する手順を記せ。

2.13　水道水に含まれる塩素の濃度が質量の割合で 0.100 ppm のとき，水道水 1.00 kg に含まれる塩素の質量 (mg) を有効数字 3 桁で求めよ。

2.14　炭酸ナトリウム十水和物 ($Na_2CO_3{\cdot}10H_2O$) の結晶を溶解して，0.500 mol/L の水溶液を 1.00 L 調製したい。必要な結晶の質量を有効数字 3 桁で求めよ。ただし，原子量は H = 1.00, C = 12.0, O = 16.0, Na = 23.0 とする。

2.15　硫酸マグネシウム七水和物 ($MgSO_4{\cdot}7H_2O$) の結晶 0.490 kg を水に溶かして，1.00 L の水溶液を調製した。この水溶液の密度は，常温で 1.27 g/mL であった。この溶液の常温でのモル濃度を有効数字 3 桁で求めよ。ただし，原子量は H = 1.00, O = 16.0, Mg = 24.3, S = 32.0 とする。

2.16　溶解度について，次の問いに答えよ。

1.　塩化ナトリウムの水に対する溶解度は，30°C で 36.0 である。30°C で水 50.0 g に溶解する塩化ナトリウムの質量 (g) を求めよ。

2.　80°C の硝酸カリウム飽和水溶液が 100 g ある。この水溶液を 40°C に冷却したとき，析出する硝酸カリウムの質量 (g) を求めよ。ただし，硝酸カリウムの溶解度は，80°C と 40°C でそれぞれ 169, 64.0 とする。

注釈

75)　日常生活で広く利用されており，生理食塩水や酒類の濃度表示も質量パーセント濃度である。

76)　SI 単位では mol/m^3 とすべきであるが，慣例的に mol/dm^3 や mol/L で表示されることが多い。

分率の表し方

質量パーセント濃度で使われる百分率の他にも分率がよく使われる。千分率 (10^3 分率，‰，パーミル) は海水中のイオン濃度などの表示に使われている。**ppm** は百万分率 (10^6 分率，parts per million) である。**ppb** は十億分率 (10^9 分率，parts per billion) で，**ppt** は一兆分率 (10^{12} 分率，parts per trillion) を示す。パーミルから千 (10^3) 分の一ずつ小さくなる割合で示されている。ppm は，空気に占める二酸化炭素の体積の割合や，食品中に微量含まれている成分の質量の割合などを示すために便利である。なお，漢数詞は万の桁から 4 桁ごとに新たな数詞に変化する。

2-4 溶液の性質

2-4-1 水　和

水分子の構造は，図 23 に示すように折れ曲がっている。H-O-H のなす角度は，正四面体角よりも少し小さく，約 105°である。分子内では，電気陰性度が H 原子より大きく，2 対の非共有電子対をもつ O 原子が $\delta-$ (やや負) に，H 原子が $\delta+$ (やや正) の電気的な偏りをもつ。分子全体としては，2 つの H 原子側が正で，O 原子の非共有電子対のある側が負の典型的な極性分子である。このように，分子の極性はその構造と原子間の電気陰性度の差に関係しており，分子全体の電気的な偏りをベクトルで考えるとわかりやすい。

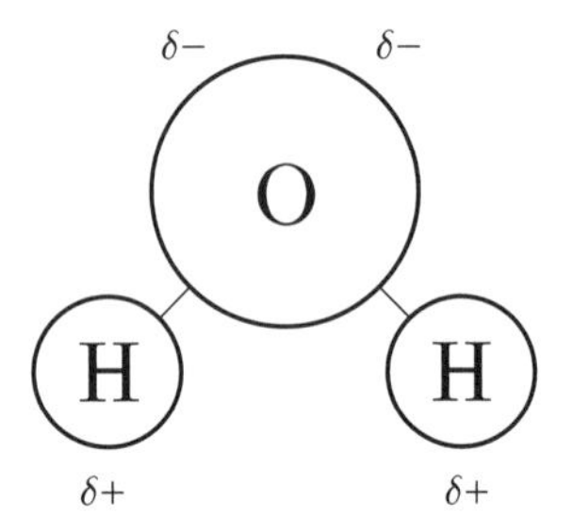

図 23: 水分子の極性

水に溶解した塩化ナトリウムが電離して生じた Na^+ には水分子中の $O^{\delta-}$ 原子側が，Cl^- には $H^{\delta+}$ 原子側がそれぞれ引き付けられて，Na^+ イオンと Cl^- イオンはいずれも水分子によって取り込まれる。この現象を**溶媒和**といい，溶媒が水のとき**水和**という。水和しやすいイオンや極性分子は一般に親水性を示し，疎水性を示す物質の多くは無極性の物質である。

2-4-2 希 薄 溶 液

希薄溶液[77] 中の溶媒分子は，溶質粒子よりも圧倒的に多量に存在し，溶媒和が起こりやすい。また，希薄溶液中では，溶解している溶質粒子間の距離が十分に大きく，溶質粒子の数 (濃度) のみに依存する特有ないくつかの性質を示す。これらを**束一的性質**といい，**蒸気圧降下**，**沸点上昇**，**凝固点降下**，**浸透圧**などがある。

2-4-3 蒸気圧降下とラウールの法則

液体中で運動している分子などの粒子が，まわりの粒子との間に働く引力から放たれ，液体の外部に飛び出すことを**蒸発**または**気化**という。また，気相中の粒子が周囲の粒子などからの引力によって捉えられて液体になることを**凝縮**または**液化**[78]という。ある温度で，蒸発する粒子と凝縮する粒子の数がつり合っているときに，その蒸気の示す圧力を**飽和蒸気圧**または**蒸気圧**という。

純粋な液体 (純溶媒) は，ある温度で固有の蒸気圧を示し，その表面では溶媒分子が絶えず蒸発と凝縮を繰り返している。食塩やスクロースのような不揮発性物質を純溶媒に溶解した液体の蒸気圧は，同じ温度での純溶媒よりも低い。このような現象を**蒸気圧降下**という。塩を含む海水で濡れた衣類が，真水で濡れたときより乾きにくいのは，海水の蒸気圧が真水よりも低いためである。

溶液が示す蒸気圧 P は，同じ温度で純粋な溶媒が示す蒸気圧 P_0 よりも低い。希薄溶液では，蒸気圧の降下 $(P_0 - P)$ は，溶質のモル分率に比例する。溶媒と溶質の物質量をそれぞれ n_0, n とすると

$$P_0 - P = \frac{n}{n_0 + n} P_0$$

が成り立つ。これを**ラウールの法則**[79]という。

2-4-4 沸 点 上 昇

液体の蒸気圧と外気圧が等しくなると，液体の表面からだけでなく内部からも連続的に気化する。この現象が**沸騰**で，このときの液体の温度がその温度における**沸点**[80]である (図 24)。

純溶媒と溶液が示す蒸気圧と温度との関係を図 25 に示す。溶液の蒸気圧は，蒸気圧降下により，どの温度範囲においても，純溶媒の蒸気圧より低いことがわかる。純溶媒の沸点 (点 a) が T (°C) のとき，他の不揮発性物質を溶解した溶液の蒸気圧は点 b に下がる。外気圧が一定ならば，溶液の蒸気圧を点 b から点 c まで高めないと沸騰しないことがわかる。したがって，溶液の沸点 T'(°C) は高くなる。この現象を**沸点上昇**といい，両沸点の差 (Δt) を沸点上昇度という。

2-4-5 凝固点降下

1.013×10^5 Pa の大気圧下で，純水は 0°C において凝固し，海水は約 −1.9°C で凝固する。希薄溶液を撹拌しながら冷却すると，ある温度で溶液中の溶媒から先に凝固しはじめる。撹拌するのは，凝固点に達しても凝固しない過冷却を避けるためである。この温度を**凝固点**といい，純溶媒の凝固点より低い。この現象を溶液の**凝固点降下**といい，純溶媒と凝固点の差をその溶媒の凝固点降下度という。

2-4-6 浸 透 圧

デンプンの希薄水溶液と純水を，セロハンの膜で仕切って放置すると，水分子は膜を通ってデンプン水溶液の方へ移動する。セロハンの膜のように，溶媒分子のみを通し，

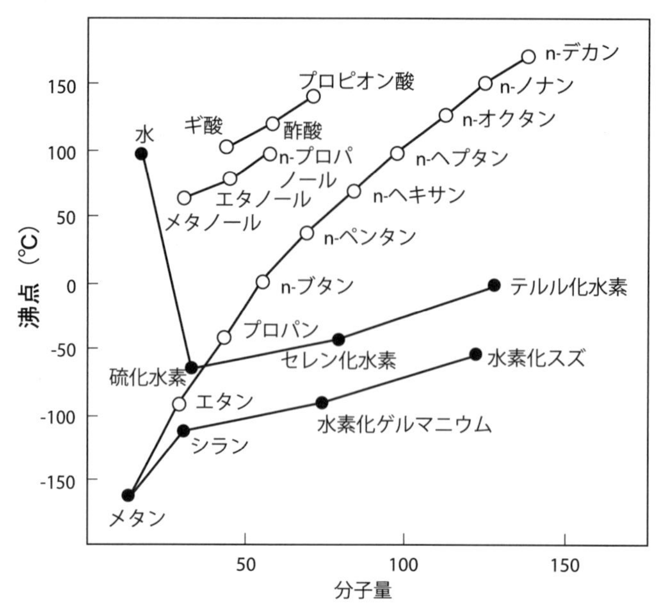

図 **24:** 沸点と分子量の関係

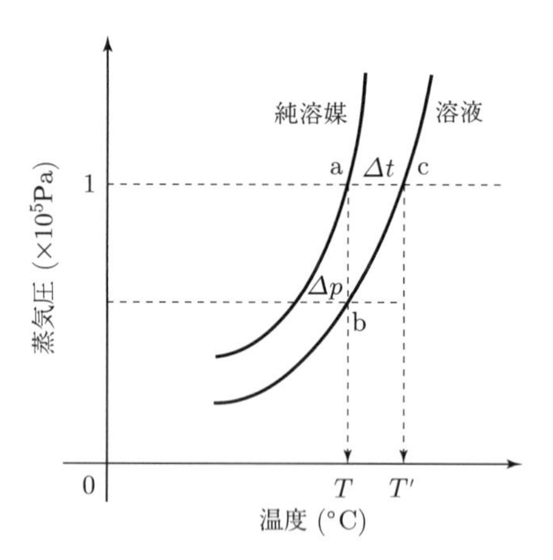

図 **25:** 蒸気圧と温度の関係 (山本和正 他著 (1993) より)

デンプンなどの溶質分子を通さない膜を半透膜といい，溶媒分子が移動する現象を浸透という。U 字管の中央部に半透膜を介して純溶媒と溶液を接触させると，溶媒が浸透した溶液側の液面が上がる。両方の液面の高さを一致させるためには，溶液側を加圧する必要があり，この加圧する圧力を溶液の浸透圧という。ファントホッフ (Jacobus H.

van't Hoff，1852－1911）は，希薄溶液の浸透圧が，気体の状態方程式と同じ関係式

$$\Pi V = nRT \qquad (\Pi \text{ は浸透圧，} R \text{ は気体定数})$$

で表せることを示した。

例題 2-4　ある不揮発性のアルコールを水に溶かした溶液の 20°C における蒸気圧は 2329.7 Pa であった。この溶液中のアルコールのモル分率を求めよ。ただし，この温度での水の蒸気圧は 2337.8 Pa とする。

解答　ラウールの法則を用いる。

$$P_0 - P = \frac{n}{n_0 + n} P_0$$

$$2337.8\,\mathrm{Pa} - 2329.7\,\mathrm{Pa} = \frac{n}{n_0 + n} \times (2337.8\,\mathrm{Pa})$$

よって，求めるモル分率は

$$\frac{n}{n_0 + n} = \frac{2337.8 - 2329.7}{2337.8} = \frac{8.1}{2337.8} = 0.0034648$$

引き算で有効数字の桁数は 2 桁になっているので，求めるモル分率は 3.5×10^{-3} となる。

▌演習問題 2-4

2.17　次の文中の空欄 (1)〜(8) に当てはまる用語を入れて，文を完成せよ。

水分子は，構造が折れ曲がっていて，かつ＿(1)＿原子が正で，＿(2)＿原子が負の電気的な偏りをもつ＿(3)＿性分子である。そのため，水に溶解した塩化ナトリウムから生じたナトリウムイオンは，水分子の＿(4)＿原子を，塩化物イオンは＿(5)＿原子を引き付けて＿(6)＿している。また，水に溶解したエタノールの＿(7)＿基は，水分子と＿(8)＿結合を形成する。

2.18　1.00 kg の純水に，(1) 18.0 g のグルコース ($C_6H_{12}O_6$) または (2) 27.4 g のスクロース ($C_{12}H_{22}O_{11}$) を溶解した 2 つの溶液について，それぞれの質量モル濃度を求め，沸点がより高い溶液を答えよ。ただし，原子量は H = 1.00, C = 12.0, N = 14.0, O = 16.0, Na = 23.0, Cl = 35.5 とする。

2.19　沸点上昇について次の問いに答えよ。

1.　スクロース 1.71 g とグルコース 0.90 g を水 100 g に溶解した水溶液の沸点 (°C) を求めよ。ただし，純水の沸点を 99.974°C，モル沸点上昇を 0.52 K·kg/mol とする。

2.　ベンゼン 25.0 g に，ある非電解質 A の 0.800 g を溶解した溶液の沸点は，ベンゼンに比べて 0.635 K 上昇した。ベンゼンのモル沸点上昇を 2.54 K·kg/mol として，非電解質 A の分子量を求めよ。

2.20　純水の凝固点は 0.00°C で，水 500 g にグルコース 9.0 g を溶解した水溶液の凝固点は −0.19°C である。凝固点降下度 Δt は質量モル濃度に比例し，$\Delta t = Km$ (K はモル凝固点降下，m は質量モル濃度) である。次の問いに答えよ。

1.　グルコース水溶液の質量モル濃度を求めよ。

2.　水のモル凝固点降下を求めよ。

3.　水 200 g に尿素 ($(NH_2)_2CO$) 2.4 g を溶解した水溶液の凝固点を求めよ。

4.　3 と同じ凝固点の塩化ナトリウム水溶液をつくるとき，水 1.00 kg に溶解すべき塩化ナトリウムの質量 (g) を求めよ。

2.21　浸透圧について次の問いに答えよ。

1.　血液の浸透圧は 37°C で 7.60 atm である。同じ浸透圧を示すスクロース水溶液のモル濃度 (mol/L) を求めよ。

2.　1.00 L の水溶液中に，ある物質が 15.0 g 溶解している。その水溶液の 27°C での浸透圧が 20 mmHg のとき，この物質の分子量を求めよ。ただし，気体定数 $R = 0.082$ L·atm/(mol·K) とする。

注釈

77)　モル濃度が 0.1 mol/dm^3 程度以下の溶液を示す。

78)　液化天然ガス (LNG; liquefied natural gas) や液化石油ガス (LPG; liquefied petroleum gas) として液化ガスが大量に使用されている。圧縮天然ガス (CNG; compressed natural gas) と区別される。

79)　François-M. Raoult (1830–1901) にちなむ名称。

80)　外気圧を特定していないときは，1.013×10^5 Pa (1.0 atm) の大気圧下での沸点と考えてよい。

コロイド粒子

コロイドは，約 10^{-9}〜10^{-7} m 程度の粒子が溶媒に分散した混合物である(図 26)。この大きさの粒子をコロイド粒子といい，食塩水などの真溶液中に溶解している溶質粒子がもつ原子レベルの小ささと，沈殿になるまでに成長した粒子の大きさとの中間である。

コロイド粒子を含む混合物は身のまわりにたくさんある。霧や雲をつくっている微粒子や，ポリバケツなどの着色プラスチック，ガラスに金属酸化物粒子を分散させた着色ガラスなどに含まれる顔料微粒子もコロイドである。豆腐は親水コロイド溶液の豆乳に，適量の電解質を加えてタンパク質を沈殿・凝固させてつくる (**塩析**)。セッケンも塩析を利用して製造されている。

エマルションは液体中に他の液体のコロイド粒子が分散している牛乳，マヨネーズ，バターなどを口に入れても粒子の存在を感じないが，舌は未蕾が味を感じ，牛乳に含まれるコロイド粒子の大きさで，牛乳のコクが異なるとされている。

工場で使われるコットレルの電気集塵装置は，コロイド粒子の電気泳動を利用している。燃焼の過程で生じる煤煙の大部分は，燃料の不完全燃焼によって発生する固体のコロイド粒子で，そのまま排出すると大気汚染物質になる。そこで，空気をコロナ放電してコロイド粒子を陰イオンに帯電させて，煙突中の陽極に集めて排煙から煤煙を除去して環境に配慮している。

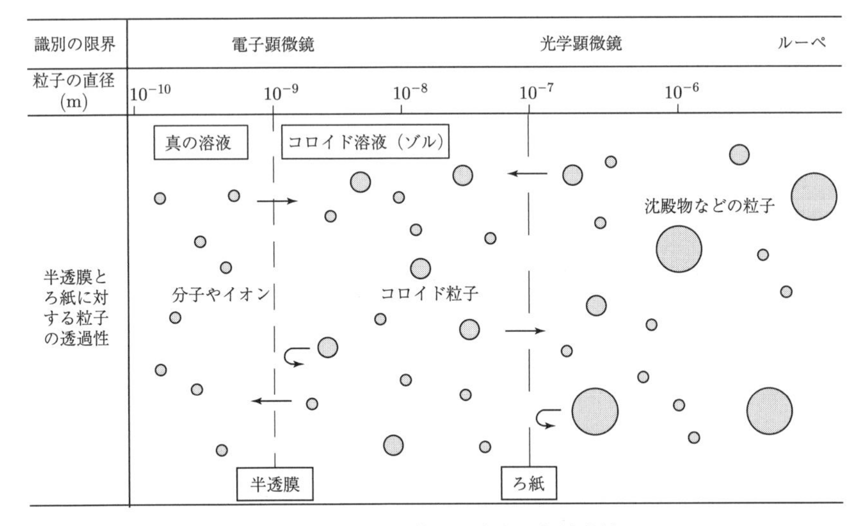

図 26: コロイド粒子の大きさと透過性

2-5　固体と結晶の性質

2-5-1　結晶とアモルファス

固体の物質は，結晶と非晶質 (アモルファス) に分類できる。単結晶は，構成粒子が固体全体にわたって 3 次元で規則的に配列している。結晶性固体は，微細な単結晶が集まった多結晶体のことが多い。

2-5-2　結 晶 格 子

結晶中の構成粒子がつくる繰り返しの最小単位を**単位格子**という。**結晶格子**は，単位格子が積み重なってできている。平行六面体からなる単位格子の稜の長さ a, b, c と稜がなす 3 つの角度 α, β, γ を組み合わせた形の特徴によって，結晶は 7 種類の**結晶系** (**晶系**) のいずれかに分類され，a, b, c と α, β, γ を**格子定数**という。単位格子の頂点のみに格子点をもつ 7 種類の単純格子と，追加格子点をもつ複合格子を合わせると，14 種類のブラベー格子が存在する (表 16)。

結晶は，構成している粒子の種類と粒子どうしが結晶を形成する力によって，次の 4 つに分類できる。

2-5-3　イオン結晶

イオン結晶は，陽イオンと陰イオンの間のイオン結合からなる結晶で，両イオンが 3 次元で交互に配列している (例: 塩化ナトリウム，塩化セシウム，ホタル石)。

2-5-4　共有結合結晶

隣接する原子どうしが共有結合で結び付いている結晶を**共有結合結晶**といい，その単結晶は 1 つの巨大分子とみなすことができる。このような共有結合は，中心となる原子から決まった方向にのみ成長する。このため，共有結合結晶は結合の方向に依存する結晶構造を示す (例: ダイヤモンド，ケイ素，水晶)。

2-5-5　金 属 結 晶

金属結晶は，同じ大きさの金属原子が規則的に配列した結晶である。金属結晶は，**体心立方格子** (body-centered cubic lattice; 略号 bcc)，**面心立方格子** (face-centered cubic lattice; 略号 fcc)，**六方最密格子** (hexagonal close-packed lattice; 略号 hcp) のいずれかの結晶格子からできている (例: 銅，亜鉛，鉄)。金属材料は，単体としてだけでなく，複数の成分からなる合金として用いることも多い (表 17)。

表 16: 14 種類のブラベー格子

晶系 (crystal system)	a, b, c	α, β, γ	単純格子 (simple lattice)	体心格子 (body centered lattice)	面心格子 (face centered lattice)	底心格子 (base centered lattice)
立方晶系 (cubic system)	$a=b=c$	$\alpha=\beta=\gamma=90°$	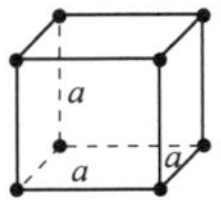	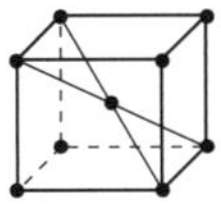	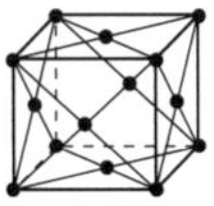	
六方晶系 (hexagonal system)	$a=b\neq c$	$\alpha=\beta=90°$ $\gamma=120°$	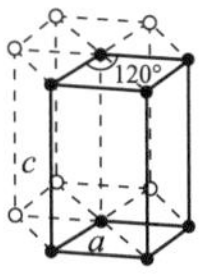			
正方晶系 (tetragonal system)	$a=b\neq c$	$\alpha=\beta=\gamma=90°$	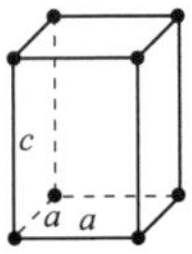	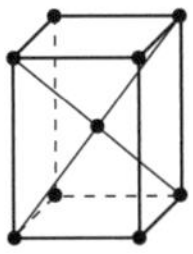		
直方晶系 (orthorhombic system)	$a\neq b\neq c$	$\alpha=\beta=\gamma=90°$	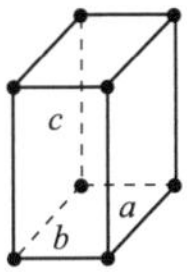	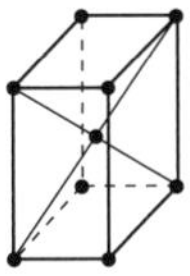	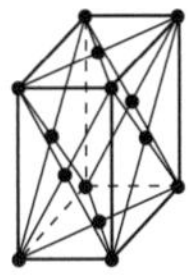	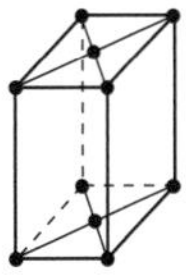
単斜晶系 (monoclinic system)	$a\neq b\neq c$	$\alpha=\gamma=90°$ $\beta\neq 90°$	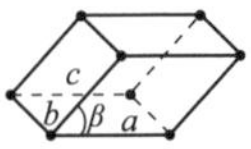			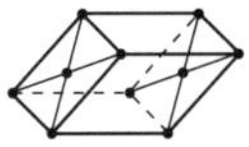
三斜晶系 (triclinic system)	$a\neq b\neq c$	$\alpha\neq\beta\neq\gamma\neq 90°$	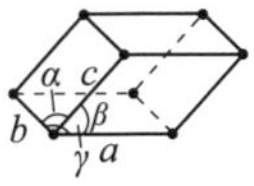			
三方晶系 (trigonal system)	$a=b=c$	$\alpha=\beta=\gamma\neq 90°$	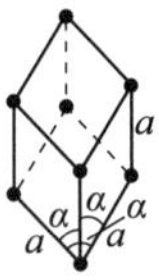			

表 **17:** 合金の組成，特性，おもな用途

合金			組成 (%)	特性	おもな用途
鉄合金		マンガン鋼	C 1〜1.3 Mn 1.1〜1.4	極めて硬い	レール， 土木工作機
鉄合金		ニッケル鋼	C 0.1〜0.4 Ni 2.7〜4.5	硬く強靭	粉砕機，船舶， 構造材
鉄合金		クロム鋼	C 0.8〜2.0 Cr 1.0〜2.0	極めて硬い	金庫，粉砕機
鉄合金		高速度鋼 (ハイス)	W 18 Cr 4 C 0.85	硬い，熱しても切削能力が減少しない	切削用工具
鉄合金		KS 磁石鋼	Co 30〜40 W 5〜9 Cr 1.5〜5 C 0.8〜1.0	抗磁性・残留磁性が大きい	永久磁石
鉄合金		MK 磁石鋼	Ni 20〜30 Al 10〜15 Co 10 以下	抗磁性・残留磁性が大きい	永久磁石
鉄合金		ケイ素鋼	Si 4 C 0.1 以下	透磁性が高い	変圧器，車両
鉄合金		13 クロムステンレス	Cr 13	錆びにくい	厨房器具，車両
鉄合金		18-8 ステンレス	Cr 18 Ni 8	錆びない	食器，化学器具
鉄合金		プラチナイト	Ni 46	熱膨張係数がガラス・白金と同じ	電球の導入線
鉄合金		発火合金	Cs 65	ヤスリで削ると，火花が出る	ライターの発火石
非鉄合金	軽合金	ジュラルミン	Al 94 Cu 3.5〜4.5 Mg 0.5〜1 Mn 0.5〜1	比重 2.85 焼入れにより硬度が増す	航空機，車両
非鉄合金	軽合金	エレクトロン	Mg 90 Al, Zn, Cd, Mn などで 10	比重 1.8 強くて軽い	航空機，車両
非鉄合金	銅合金	黄銅	Cu 60〜70 Zn 30〜40	黄色，延性・展性に富み，加工しやすい 強靭で錆びにくい	楽器，日用品
非鉄合金	銅合金	青銅	Cu 80〜90 Sn 5 Pb 1〜3	鋳造性に富む	美術工芸品
非鉄合金	銅合金	リン青銅	Cu 90 Sn 8〜10 P 0.3〜1.5	摩擦係数が小さく，弾性率が大きい	機械部品
非鉄合金	銅合金	洋銀	Cu 60〜65 Ni 12〜22 Zn 18〜23	白銀色，硬い	楽器，装飾品
非鉄合金	可融合金	ハンダ	Sn 54 Pb 46	融点 182〜250°C	金属の接着
非鉄合金	可融合金	ウッド合金	Bi 50 Pb 24 Sn 14 Cd 12	融点 66〜71°C	ヒューズ

(「視覚でとらえるフォトサイエンス 化学図録」(2006) より)

2-5-6 分子結晶

ファンデルワールス力，分散力，水素結合は，分子間に働く弱い引力である。分子結晶は，このような分子間力によって分子が集合してできる結晶である。分子結晶の融点と沸点は低く，その融解熱や蒸発熱も小さい (例: 氷，二酸化炭素，ヨウ素)。

例題 2-5　塩化カリウムは，塩化ナトリウムと同じ結晶構造をもつイオン結晶である。塩化カリウムは近接する陽イオンと陰イオンの間隔が塩化ナトリウムの間隔の 1.11 倍である。塩化ナトリウムの密度が 2.16 g/cm^3 であることを用いて塩化カリウムの密度を求めよ。ただし，各原子量は Na = 23.0，Cl = 35.5，K = 39.1 とする。

解答　式量は塩化ナトリウム (NaCl) が 23.0 + 35.5 = 58.5，塩化カリウム (KCl) が 39.1 + 35.5 = 74.6 である。よって，求める密度は

$$\frac{2.16\,\mathrm{g/cm^3}}{1.11^3} \times \frac{74.6}{58.5} = 2.014\,\mathrm{g/cm^3}$$

有効数字 3 桁なので，求める塩化カリウムの密度は 2.01 g/cm^3 である。

■演習問題 2-5

2.22　次の結晶をイオン結晶，金属結晶，共有結合結晶，分子結晶に分類せよ。

(1) カリウム　(2) ナフタレン　(3) 塩化ナトリウム　(4) ケイ素
(5) フッ化カルシウム　(6) グルコース　(7) 石英　(8) 金
(9) 塩化亜鉛　(10) マグネシウム

2.23　図は銅の単位格子である。● で示した銅原子は，同じ大きさの球とみなし，すべて接しているものとして，次の問いに答えよ。

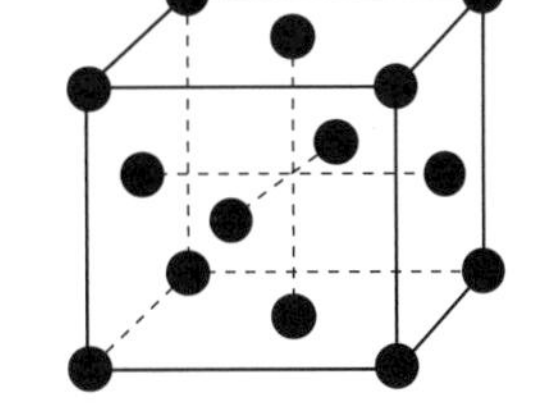

1. 1 個の銅原子が接している原子の数 (配位数) を求めよ。

2. この原子配列からなる単位格子の名称は何か。

3. 単位格子 1 個が含む銅原子の個数を求めよ。

4. 銅の原子量を M，アボガドロ定数を N_A として，単位格子に含まれる銅原子の総質量を式で示せ。

5. 銅の密度 $d\,(\mathrm{g/cm^3})$ を表す式を求めよ。ただし，原子半径を $r\,(\mathrm{cm})$，アボガドロ定数を N_A，原子量を M とする。

6. 単位格子中で銅原子が正味占めている体積 (球の隙間を除いた体積) を百分率 (%) で求めよ。ただし，$\pi = 3.14$，$\sqrt{2} = 1.41$ とする。

7. アルミニウムの結晶は，銅と同じ単位格子で，1 辺の長さは 4.0 Å である。アルミニウムの密度 (g/cm^3) を求めよ。ただし，1 Å $= 10^{-8}$ cm で，原子量は Al$=$27，アボガドロ定数を 6.0×10^{23}/mol とする。

Ⅲ 編

物質の化学変化

3-1　反応速度と化学平衡

3-1-1　反 応 速 度

化学反応の進行により，反応物が減少して生成物が増加する。一般に，単位時間に減少する反応物や，増加する生成物の濃度変化などの速度を**反応速度**という。反応物 A が生成物 B になる反応において，時間 t_1 のときの反応物の濃度を $[A]_1$，時間 t_2 のときの反応物の濃度を $[A]_2$ とすると，反応速度 v は

$$v = \frac{\text{反応物の濃度の減少量}}{\text{反応時間}} = -\frac{[A]_2 - [A]_1}{t_2 - t_1} = -\frac{\Delta[\mathrm{A}]}{\Delta t}$$

で表される。一般に，反応物の濃度が高いほど，反応速度は大きい。

水素とヨウ素を反応容器に入れて約 300°C に加熱すると，$H_2 + I_2 \rightarrow 2HI$ の反応が進む。ヨウ化水素の生成は，水素とヨウ素の濃度に比例し，その反応速度 v は

$$v = k[\mathrm{H_2}][\mathrm{I_2}]$$

と表される。この反応速度と反応物 (または生成物) の濃度との関係を表した式を**反応速度式**といい，反応速度式中の比例定数 k を**反応速度定数**という。反応速度定数は，一定温度では反応物質の濃度に無関係な定数である。反応速度が反応物の濃度の n 乗に比例する反応を $\boldsymbol{n}$ **次反応**，n を**反応次数**という。$v = k[\mathrm{A}]^{\alpha}[\mathrm{B}]^{\beta}[\mathrm{C}]^{\gamma}\cdots$ の一般的な反応速度式で表すと，反応次数は $n = \alpha + \beta + \gamma + \cdots$ で，$(\alpha + \beta + \gamma + \cdots)$ 次反応である。上の水素とヨウ素の反応例は，2 次反応で反応物がいずれも関係していることがわかる。このように，反応速度は化学反応の機構 (メカニズム) を知るうえで重要である。

3-1-2　活性化エネルギー

反応物の濃度が同じでも，反応温度を上げると一般に反応速度は大きくなる。反応速度における温度の影響について，1889 年にアレニウスが次の関係式

$$k = x \exp\left(-\frac{E_{\mathrm{A}}}{RT}\right)$$

を見出した。ここで，k は反応速度定数，x は頻度因子，E_{A} は**活性化エネルギー**，R は気体定数，T は絶対温度であり，この式を**アレニウスの式**という。活性化エネルギーは，**遷移状態** (反応が起こるために必要なエネルギーの高い状態；この状態を**活性錯合体**ともいう) にするための最小のエネルギーをいう。

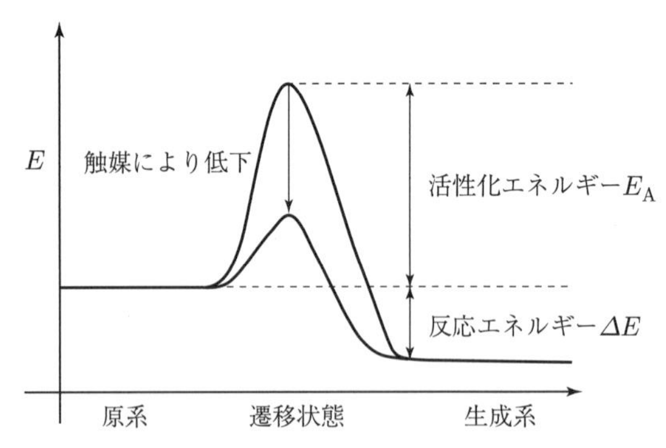

図 **27:** 反応経路と活性化エネルギー

反応前の原系から遷移状態を経て，生成系になる反応経路をエネルギーの変化として図 27 に示す。**触媒**を用いると活性化エネルギー E_{A} が低下して，反応速度定数が大きくなり，結果的に反応速度が大きくなる。反応速度を大きくする触媒を正触媒といい，単に触媒といえば正触媒をさす。逆に，反応速度を小さくする触媒を負触媒という[81)]。触媒は，反応の前後でその物質自身は変化せず，反応の途中で反応物と中間体を形成する。その中間体が，遷移状態を経て分解し，生成物を与えると同時に触媒が再生される。触媒は化学工業において，極めて重要である。また，酵素は生体中の化学反応の触媒として機能するタンパク質である。

3-1-3 化 学 平 衡

ヨウ化水素を反応容器に入れて 400～500°C に加熱すると，$2\mathrm{HI} \rightarrow \mathrm{H_2} + \mathrm{I_2}$ の反応が進んでヨウ化水素は分解する。この反応は，3-1-1 に示す水素とヨウ素からヨウ化水素が生成する逆の反応である。このように，ヨウ化水素の生成反応は分解反応も同時に進む可逆反応のために，100%の収率でヨウ化水素を得ることはできない。

$\mathrm{H_2} + \mathrm{I_2} \rightarrow 2\mathrm{HI}$ の反応速度は，反応物 $\mathrm{H_2}$ と $\mathrm{I_2}$ の濃度の積に比例する。一方，逆反応 $2\mathrm{HI} \rightarrow \mathrm{H_2} + \mathrm{I_2}$ の反応速度は，HI 濃度の 2 乗に比例する。$\mathrm{H_2} + \mathrm{I_2} \rightarrow 2\mathrm{HI}$ の反応でヨウ化水素の生成反応が進むと，反応物 $\mathrm{H_2}$ と $\mathrm{I_2}$ の濃度は下がってこの反応の反応速度は減少する。同時に，生成物 HI の濃度が高くなるので，HI の分解反応の反応速度が増大する。反応が進むと，HI の生成反応と分解反応の反応速度が一致し，反応容器内の $\mathrm{H_2}$ と $\mathrm{I_2}$，および HI の量は一定になる。このように，可逆反応の正反応と逆反応の反応速度が一致して，見かけ上変化がないようにみえる状態を**平衡状態**という。このときの反応物と生成物の量は温度で決まる。温度が低いために反応速度が小さいときでも，十分な時間が経過すると平衡状態に達する。一般に

$$a\,\mathrm{A} + b\,\mathrm{B} + \cdots \rightleftarrows c\,\mathrm{C} + d\,\mathrm{D} + \cdots$$

の可逆反応が平衡状態にあるとき，反応式の係数と物質の濃度によって，次式の**化学平衡の法則**が成り立つ。

$$K = \frac{[\mathrm{C}]^c[\mathrm{D}]^d \cdots}{[\mathrm{A}]^a[\mathrm{B}]^b \cdots}$$

ここで，**平衡定数** K は，溶液反応のときには反応物や生成物の成分濃度をモル濃度で表す平衡定数 K_c を用い，**濃度平衡定数**という。気体の反応では，モル濃度の代わりに反応気体や生成気体の分圧を表す平衡定数 K_p を用い，**圧平衡定数**という。

可逆反応が平衡状態にあるとき，平衡を支配する条件 (温度，圧力，濃度) を変化させると，変化を緩和する方向へ変化が起こり，新しい 平衡状態に到達する。これを**ルシャトリエの原理**といい，化学変化を伴わない物理平衡にもあてはまる。したがって，反応物の濃度を高くすると，その濃度を低くする方向に反応が進み，温度を上げると吸熱反応，温度を下げると発熱反応が進む。また，気体の反応では，圧力を上げると圧力が下がり，圧力を下げると圧力が上がる方向に反応が進む。

3-1-4　酸・塩基の化学平衡

水分子はわずかに電離している。電離して生じた H^+ と OH^- は，電離していない (**遊離**) H_2O 分子との間でその温度での化学平衡が成り立っている。水の電離反応の平衡定数を K とすると，$K = [H^+][OH^-]/[H_2O]$ と表すことができる。水の電離度 α は極めて小さく，25°C で $\alpha = 1.81 \times 10^{-9}$ である。このため，遊離の水のモル濃度 ($[H_2O] \fallingdotseq 55.6\,\mathrm{mol/L}$) は $[H^+]$ や $[OH^-]$ に比べて一定とみなせるほど大きい。そこで，$K \cdot [H_2O]$ を新たな平衡定数 $K_w = [H^+][OH^-]$ に置き換えることができ，これを**水のイオン積**という。25°C での水のイオン積 K_w は $1 \times 10^{-14}\,(\mathrm{mol/L})^2$ である。

水溶液中の弱酸や弱塩基の電離度 α は，強酸や強塩基が示すほぼ 1 に比べてかなり小さく，そのごく一部が電離 (解離) して H^+ や OH^- を放出する。

1 価の弱酸 HA の平衡反応は，次の電離反応

$$\mathrm{HA} \rightleftarrows \mathrm{H^+} + \mathrm{A^-}$$

で表される。この電離反応の平衡定数 K_a は

$$K_a = \frac{[H^+][A^-]}{[HA]}$$

である。K_a または pK_a $(= -\log K_a)$ を**酸の電離定数**という。弱酸ほど K_a の値は小さく，pK_a は大きい。

また，1 価の弱塩基 BOH の平衡反応は，次の電離反応

$$\mathrm{BOH} \rightleftarrows \mathrm{B^+} + \mathrm{OH^-}$$

で表される。この電離反応の平衡定数 K_b は

$$K_b = \frac{[B^+][OH^-]}{[BOH]}$$

である。K_b または pK_b $(= -\log K_b)$ を**塩基の電離定数**という。弱塩基ほど K_b の値は小さく，pK_b は大きい。

K_a の小さい弱酸と K_b の大きい強塩基が中和してできる水溶液は塩基性を示す。これは，弱酸 HA の共役塩基 A^- が**加水分解**するためである。したがって，弱酸の共役塩基は

$$\mathrm{A^-} + \mathrm{H_2O} \rightleftarrows \mathrm{HA} + \mathrm{OH^-}$$

の平衡反応によって OH^- を放出する。一方，強塩基から生じる共役酸 B^+ は水和されるだけで H^+ を放出する反応を伴わない。このため，溶液中の $[OH^-]$ が $[H^+]$ よりも大きくなり，塩基性を示す。強酸と弱塩基では，弱塩基から生じる共役酸の**加水分解**が起こるために，中和してできる溶液は酸性になる。

このような加水分解は，酸と塩基の反応で得られる塩の水溶液中で一般的に起こる。酢酸ナトリウムは水に溶けて Na^+ と CH_3COO^- に電離し，酢酸の共役塩基である CH_3COO^- は H^+ と結合して遊離の酢酸 CH_3COOH を形成して OH^- を放出する。一方，水酸化ナトリウムの共役酸である Na^+ は，遊離の NaOH が生じる加水分解を起こさない。その温度における水のイオン積 K_w は一定なため OH^- が増えて，この塩の水溶液は塩基性を示す。この加水分解反応の平衡定数 K_h は

$$K_h = \frac{K_w}{K_{a(b)}}$$

と表される。このような酸や塩基，塩の加水分解によって**緩衝溶液**[82]をつくることができる。緩衝溶液は，少量の酸や塩基の水溶液を加えても，また溶液濃度が多少変化しても，その水溶液の pH が大きく変化しない緩衝作用を示す。酢酸，リン酸，クエン酸，それらのナトリウム塩を組み合わせた酢酸緩衝液，リン酸緩衝液，クエン酸緩衝液の他にも多数の緩衝溶液がある。例えば，血液も緩衝作用を示し，弱酸である炭酸などの電離平衡がかかわっている[83]。

例題 3-1　1.0 mol/L の酢酸の電離度 α は 4.0×10^{-3} である。同じ温度の 1.0×10^{-2} mol/L の酢酸水溶液の水素イオン濃度を求めよ。

解答　最初に 1.0 mol/L の酢酸水溶液の酸の電離定数 K_a を求める。

$$K_a = \frac{[H^+][CH_3COO^-]}{[CH_3COOH]} = \frac{\alpha \times \alpha}{1.0 - \alpha} \fallingdotseq \frac{\alpha^2}{1.0} = (4 \times 10^{-3})^2 = 1.6 \times 10^{-5}\ \mathrm{mol/L}$$

1.0×10^{-2} mol/L の酢酸水溶液の電離度は，

$$K_a = 1.6 \times 10^{-5} = \frac{(1.0 \times 10^{-2} \times \alpha)^2}{1.0 \times 10^{-2} \times (1.0 - \alpha)}, \qquad \alpha = 4.0 \times 10^{-2}$$

このことから，

$$[H^+] = c\alpha = 1.0 \times 10^{-2} \times 4.0 \times 10^{-2} = 4.0 \times 10^{-4}\ \mathrm{mol/L}$$

3-1-5 酸化還元反応の化学平衡

水溶液中の亜鉛イオンが金属亜鉛に還元される反応と，逆の酸化反応の反応式は

$$Zn^{2+} + 2e^- \rightleftarrows Zn$$

で表される。ある物質の酸化された状態を Ox (酸化体)，還元された状態を Red (還元体) とすると，両状態の変化を表す反応式は，反応に伴う電子の授受を示す次の一般式

$$\mathrm{Ox} + ne^- \rightleftarrows \mathrm{Red}$$

で表される。ここで，n は反応に伴って物質間を移動する電子の数を表す。この酸化還元反応の平衡定数は

$$K = \frac{a_{\mathrm{Red}}}{a_{\mathrm{Ox}}}$$

である。平衡定数には，単純な濃度ではなく Ox や Red の**活量**[84] または活動度を表す a_{Ox} と a_{Red} が使われる。これは，この反応に実際にかかわっている物質の濃度とみなせる値である。電極上で起こる酸化還元反応では，この平衡定数を含むネルンストの式

$$E = E^\circ - \frac{RT}{nF} \ln \frac{a_{\mathrm{Red}}}{a_{\mathrm{Ox}}}$$

が成り立つ。ここで，E° は標準電極電位，R は気体定数，T は絶対温度，F はファラデー定数である。上式より電池の電極の電位 E を求めることができる。

3-1-6 溶解の化学平衡

水に難溶性の炭酸カルシウムを沈殿させると，沈殿のごく一部は次のように電離して溶解し，溶解平衡に達する。

$$CaCO_3 \rightleftarrows Ca^{2+} + CO_3{}^{2-}$$

その溶解平衡定数 K は

$$K = \frac{[Ca^{2+}]\,[CO_3{}^{2-}]}{[CaCO_3]}$$

である。$[CaCO_3]$ は一定とみなすことができるので，新たな定数を $K_{sp}=[Ca^{2+}]\,[CO_3{}^{2-}]$ とすることができる。これは電離して生じたイオンのモル濃度の積であり，その物質の溶解度に関係することから**溶解度積**[85] という。

炭酸カルシウムの溶解度積 $K_{sp}(CaCO_3)$ は $4.7 \times 10^{-9}\,(\mathrm{mol/L})^2$ である。炭酸カルシウムを沈殿させた水溶液中では $[Ca^{2+}] = [CO_3{}^{2-}]$ であることから $[Ca^{2+}] = \sqrt{4.7 \times 10^{-9}}\,\mathrm{mol/L}$ が求まる。このように，難溶性の塩の K_{sp} からイオン濃度を求めることができ，無機陽イオンの分析に役立つ。

例題 3-2 0.01 mol/L の硝酸銀水溶液 10 mL に，0.01 mol/L の塩化ナトリウム水溶液を何 mL 加えると沈殿を生じるか。ただし，AgCl の溶解度積は，$2 \times 10^{-10}\,(\mathrm{mol/L})^2$ とする。

解答 Ag^+ と Cl^- のモル濃度の積が溶解度積を超えると沈殿する。0.01 mol/L の塩化ナトリウム水溶液を x mL 加えたとすると，

$$[Ag^+] = 0.01 \times \frac{10}{10+x}, \qquad [Cl^-] = 0.01 \times \frac{x}{10+x} \text{ より}$$

$$[Ag^+][Cl^-] = \frac{10^{-3}x}{(10+x)^2} = 2 \times 10^{-10}, \qquad x = 2 \times 10^{-5}\mathrm{mL}$$

演習問題 3-1

3.1　1.0 mol/L のヨウ化水素が分解し，10 秒後に濃度が 0.80 mol/L になったとき，ヨウ化水素の分解速度と水素，ヨウ素の生成速度 (mol/(L·s)) を求めよ。

3.2　0.54 mol の水素と 1.00 mol のヨウ素を一定体積の容器内で反応させたところ，ヨウ化水素が 1.00 mol 生じて平衡に達した。次の問いに答えよ。

1.　平衡時の水素とヨウ素の物質量を求めよ。

2.　平衡定数を求めよ。

3.　1.00 mol ずつの水素とヨウ素を反応させ平衡に達したとき，生成する HI の物質量を求めよ。

3.3　N_2O_4 と NO_2 は，$N_2O_4 \rightleftarrows 2NO_2$ の可逆反応を起こす。容器に N_2O_4 を入れ，ある温度で 1 atm に保ったところ，40%が解離して平衡に達した。N_2O_4, NO_2 の分圧と圧平衡定数を求めよ。

3.4　塩化銀の飽和水溶液 1.00 L 中には，25°C で 1.90 mg の塩化銀が溶解している。25°C での塩化銀の溶解度積を求めよ。ただし，塩化銀の式量は 144 とする。

注釈

81)　薬局で市販されている消毒剤の過酸化水素水溶液には，リン酸が分解反応の負触媒として微量添加されている。

82)　緩衝液ともいい，弱酸とその塩を溶解した水溶液をさすことが多い。

83)　生化学で細胞を扱う実験では，リン酸緩衝生理食塩水 (phosphate buffered saline，略号 PBS) やトリス (tris(hydroxymethyl)aminomethane，略号 THAM, Tris) を用いる緩衝液などが多用される。

84)　化学熱力学の考察に基づいて，酸・塩基の定義を提唱したルイスによって導入された。

85)　厳密には，この化学平衡に直接かかわることのできる各イオンの量 (活量) を考慮すべきである。多くの難溶性塩の $K_{\rm sp}$ は標準電極電位を利用して求められている。

触媒とカイロ

寒い季節や地域では，「使い捨てカイロ」が便利である。この使い捨てカイロは，1978 年にロッテ電子工業から発売された。この使い捨てカイロの発売前に，何回も使用できる「ハクキンカイロ」とよばれるカイロがあった。ハクキンカイロは，白金の触媒反応を応用した化学カイロである。気化した石油ベンジン*が白金の触媒作用により炭酸ガス (CO_2) と水 (H_2O) に分解され，その時に発生する酸化熱をカイロに利用している。ベンジンは，触媒を用いないと 700〜800°C で燃焼するが，触媒を用いることで 130〜350°C で燃焼する。また，ベンジンをカイロに入れることによって何度も使用できる。このハクキンカイロは，南極観測隊が持参したり，厳冬の飛行機のエンジンを温めておくのに利用されていた。このように，触媒反応を利用したカイロは繰り返し使用できることから，ごみ問題の観点で現在また注目されつつある。

* 主要な成分がパラフィンと芳香族炭化水素である工業用溶剤である。

3-2　反応熱と反応エンタルピー

3-2-1　系と外界

エネルギー変化を解析する場合，ある限定された空間で生じたエネルギー変化を追跡する。その空間を**系**，それ以外のすべてを**外界**という。例えば，実験室で化学反応に伴うエネルギー変化を考えるとき，反応物と生成物が系である。反応容器やその外側にあるものは，すべて外界である。

系には，開放系，閉鎖系，孤立系がある。**開放系**では，物質もエネルギーも外界と出入りする。例えば，コンロの上で蓋のない鍋に水を入れて沸騰させているのが，開放系の一例である。熱はコンロから供給されて，水は水蒸気として外界に出ていく。熱化学で考えやすい系は**閉鎖系**である。閉鎖系では外界とエネルギーの移動は可能だが，物質は移動できない。一方，エネルギーと物質がいずれも出入りできない系もある。これを**孤立系**という。例えば，温かいコーヒーを入れた魔法瓶は孤立系に近い。ただし，コーヒーはやがて冷めるので，実際は完全な孤立系ではない。

3-2-2　反応熱と仕事

エネルギーは，一般的に仕事を行う能力，あるいは熱として定義される。ここで言う**仕事**とは，力に逆らって物体を動かすために使われるエネルギーであり，日常生活で使われる「仕事」とは異なる物理学用語である。そして**熱**とは，物体の温度を上昇させるために使われるエネルギーのことである。エネルギーの変換と移動において，エネルギーは無から生み出されることも，消滅することもない。すなわち，系で失われるエネルギーは外界で獲得されるはずであり，その逆もまた真である。これは，科学における最も重要な知見の１つであり，**エネルギー保存則**という。熱力学におけるエネルギー保存則は，**熱力学第 1 法則**として知られている。

化学反応に伴って，熱の放出あるいは吸収が必ず起こる。熱を放出する反応を**発熱反応**，熱を吸収する反応を**吸熱反応**といい，化学反応に伴って放出あるいは吸収される熱量を**反応熱**という。熱力学第 1 法則より，内部エネルギー変化 ΔU は，系に出入りする熱 q と仕事 w の合計であり，$\Delta U = q + w$ となる。この ΔU の符号は，銀行口座の預金残高にたとえると理解しやすい。銀行の預金口座と同じような「エネルギー口座」でたとえると，図 28(a) に示すように，熱や仕事の増加分が預金の預け入れに，減少分が預金の引き出しに対応する。預け入れは，系のエネルギー増加つまり $\Delta U > 0$ に相当し，引き出しは，系のエネルギー減少つまり $\Delta U < 0$ に相当する。このように，系に対して

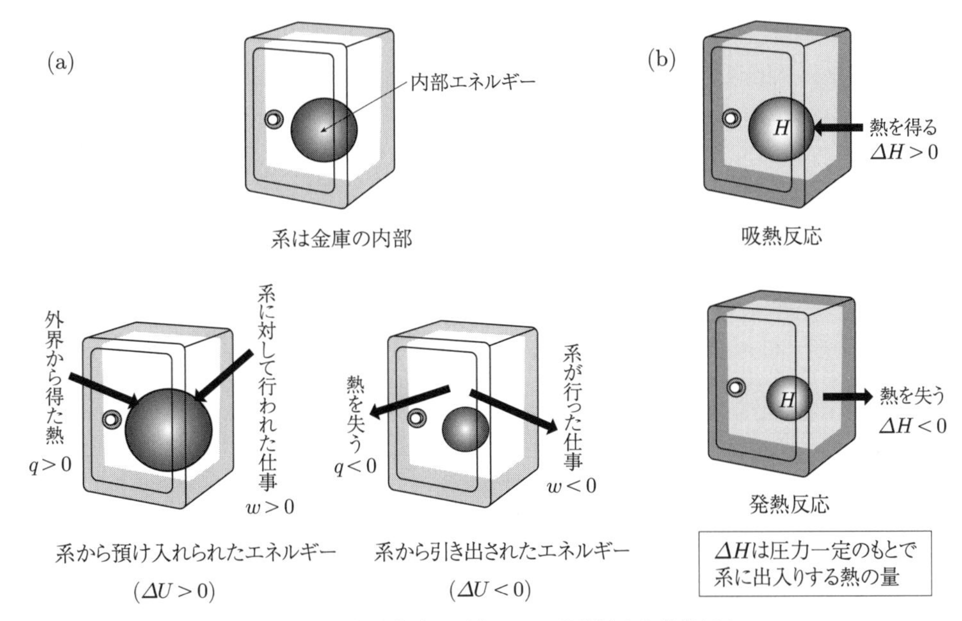

図 28: (a) 熱と仕事の正負，(b) 吸熱反応と発熱反応

熱が加わるか外界が仕事をすれば内部エネルギーは増加して，逆に系が熱を失うか外界に仕事をすれば内部エネルギーは減少する。

3-2-3　エンタルピー

化学反応などに伴うエネルギー変化を扱う熱力学では，熱の変化を扱う量をエンタルピー H という[86)]。エンタルピーは，対象とする系の状態のみに依存する状態関数で，系の内部エネルギー U および圧力 P と体積 V との積の和 $(H \equiv U + PV)$ である。

ふつう実験は，圧力一定とみなせる大気圧下で行われる。したがって，エンタルピー変化量 ΔH は，系がもつ内部エネルギー U の変化量 ΔU と，体積変化による仕事量 $P\Delta V$ の和である。一方，熱力学第 1 法則より，内部エネルギーの変化量 ΔU は，圧力一定のもとで外界から得た熱 q_p と系に対して行われた仕事 w=$-P\Delta V$ の和，すなわち $\Delta U = q_\mathrm{p} - P\Delta V$ である。よって，エンタルピー変化は

$$\Delta H = \Delta U + (P\Delta V) = q_\mathrm{p} - P\Delta V + (P\Delta V) = q_\mathrm{p}$$

となる。したがって，エンタルピー変化 ΔH は圧力一定のもとで出入りする熱量 q_p に等しい。このエンタルピー変化 ΔH は測定や計算で求められる。

エンタルピー変化の量は，発熱過程では系が熱を失うので負 (−)，吸熱過程では系が熱をもらうので正 (+) の符号をつけて，kJ/mol の単位で示す。

預金のたとえに戻ると図 28(b) に示すように，圧力一定の条件下において，吸熱反応では熱として系にエネルギーを預け入れるので，エンタルピー変化の量 ΔH は正とな

る。逆に，発熱反応では熱のかたちで系からエネルギーが引き出されるので，エンタルピー変化の量 ΔH は負となる。

反応の種類による各エンタルピー変化の名称と物質量との関係を表 18 に示す。

表 18: 反応の種類によるエンタルピー変化の分類

反応エンタルピー ΔH_r reaction enthalpy	物質 1 mol が反応するときの熱量変化
生成エンタルピー ΔH_f formation enthalpy	化合物 1 mol が，その成分元素の単体から生成するときの熱量変化
燃焼エンタルピー ΔH_c combustion enthalpy	物質 1 mol が完全に燃焼するときの熱量変化
中和エンタルピー ΔH_n neutralization enthalpy	希薄な水溶液の酸と塩基が反応して，水 1 mol が生成するときの熱量変化
溶解エンタルピー ΔH_d dissolution enthalpy	物質 1 mol が大量の溶媒に溶解し，希薄な溶液になるときの熱量変化
蒸発エンタルピー ΔH_v vaporization enthalpy	液体 1 mol が気体になるときの熱量変化

例題 3-3　1 mol の黒鉛が二酸化炭素まで酸化されるときに，393.5 kJ 発熱した。反応エンタルピーを答えよ。

解答　発熱反応であることから，エンタルピー変化量は負である。したがって，$\Delta H_\mathrm{r} = -393.5\,\mathrm{kJ}$ である。

3-2-4　ヘスの法則

化学反応に伴う反応熱 (エンタルピー) は，反応前後の状態だけで決まり，途中どのような反応経路をたどっても，結果的に出入りする熱量の総和は変わらない。1840 年にヘス (German H. Hess, 1802-1850) が発見した熱化学における基本法則であり，これを熱量不変の法則またはヘスの法則という。

例えば，固体の水酸化ナトリウムを水に溶解後，塩酸と中和する反応は

① $\mathrm{NaOH(s)} + \mathrm{aq} \rightarrow \mathrm{NaOHaq}, \quad \Delta H_\mathrm{d} = -44.5\,\mathrm{kJ/mol}$

② $\mathrm{HClaq} + \mathrm{NaOHaq} \rightarrow \mathrm{NaClaq} + \mathrm{H_2O}(l), \quad \Delta H_\mathrm{n} = -56.5\,\mathrm{kJ/mol}$

である。一方で，固体の水酸化ナトリウムと塩酸を反応させる場合は

③ $\mathrm{HClaq} + \mathrm{NaOH(s)} \rightarrow \mathrm{NaClaq} + \mathrm{H_2O}(l), \quad \Delta H_\mathrm{r} = -101.0\,\mathrm{kJ/mol}$

である。図 29(a) に示すエネルギーダイヤグラムからもわかるように，反応経路が異なる場合でもエンタルピー変化量は同じである。この関係を利用すると，実測が困難なエンタルピー変化量も間接的に求めることができる。

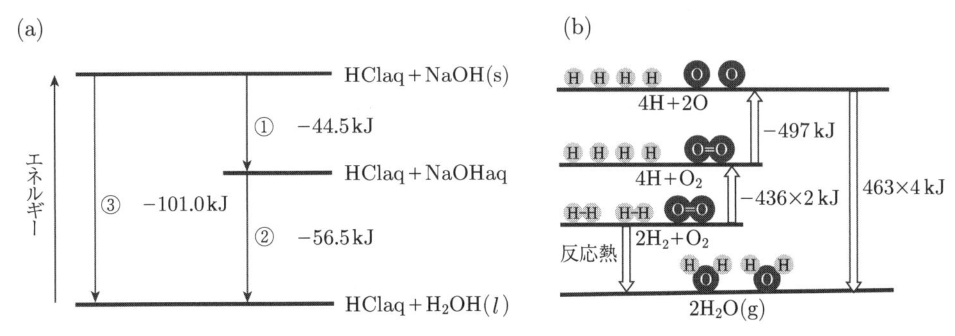

図 29: (a) NaOH と HCl の反応熱のエネルギーダイヤグラム，
(b) 水素燃焼の反応熱と結合エンタルピー

例題 3-4 次の反応エンタルピーを用いて，窒素と酸素から N_2O_5 が生成するときのエンタルピー変化量 ΔH を求めよ。

① $N_2\,(g) + O_2\,(g) \rightarrow 2NO\,(g), \quad \Delta H_{r1} = 180.5\,kJ/mol$

② $2NO\,(g) + O_2\,(g) \rightarrow 2NO_2\,(g), \quad \Delta H_{r2} = -114.1\,kJ/mol$

③ $4NO_2\,(g) + O_2\,(g) \rightarrow 2N_2O_5\,(g), \quad \Delta H_{r3} = -110.2\,kJ/mol$

解答 ヘスの法則より，$\Delta H = \Delta H_{r1} + \Delta H_{r2} + \frac{1}{2}\Delta H_{r3} = 11.3\,kJ/mol$

3-2-5 結合エンタルピー

分子あるいはイオンの特定の化学結合を切断して，原子どうしを引き離すのに必要なエンタルピー変化量を結合エンタルピーという。化学結合の切断には常にエネルギーを必要とするため，結合エンタルピーは必ず正の値である。比較的単純な反応では，切断された結合と形成された結合の結合エンタルピー差から反応熱を近似的に見積もることができる (図 29(b))。代表的な結合エンタルピーを表 19 に示す。

表 19: 代表的な分子の結合エンタルピー (kJ/mol)

H—H : 436	O—O : 146	O—H : 463
C—H : 412	Cl—Cl : 242	H—Cl : 431
C—C : 348	C = C : 612	C = O : 743

データは標準状態における値 (HCP および Pauling (1960) より)

3-2-6 エントロピーと自発的な反応

水素と酸素の混合気体に点火すると爆発的に反応して，発熱しながら水が生成する。また，鉄が錆びる現象は室温でも自然に起きる変化である。これらの自発的な反応は，必ずエネルギー物質が乱雑に拡散していく方向に起こる。この乱雑さの度合を表す状態量をエントロピー $\boldsymbol{S}$ という。状態量であるエントロピーの変化量 ΔS は，最初の状態と最後の状態のみに依存する。閉鎖系や開放系において，ある反応が自発的に起こるかどうかは，エンタルピーの変化量 ΔH と，エントロピー変化量と絶対温度の積 $T\Delta S$ との大小関係で決まり，$\Delta H - T\Delta S$ が負の値ならばその反応は自発的に起こる。

演習問題 3-2

3.5　状態を示した化学反応式とエンタルピー変化量 ΔH を kJ/mol の単位で示せ。

1. メタン 1 mol を完全燃焼させると，890 kJ の熱が発生する。
2. 一酸化炭素の燃焼で発生する熱は 283 kJ/mol である。
3. 硫酸の溶解で発生する熱は 95.3 kJ/mol である。
4. 二酸化炭素の生成で発生する熱は 394 kJ/mol である。
5. 水の融解で必要な熱は 334 J/g である。

3.6　次の反応エンタルピーを求めよ。

1. エタンの生成エンタルピー。ただし，エタン，炭素，水素の燃焼エンタルピーは，それぞれ −1560, −394, −286 kJ/mol とする。
2. エタノールの燃焼エンタルピー。ただし，二酸化炭素，水 (l)，エタノールの生成エンタルピーは，それぞれ −394, −286, −277 kJ/mol とする。

3.7　結合エンタルピーについて，次の問いに答えよ。

1. H—H，H—F の結合エンタルピーは，それぞれ 436, 563 kJ/mol であり，HF の生成エンタルピーは −271 kJ/mol である。F—F の結合エンタルピーを求めよ。
2. N≡N，N—H，H—H の結合エンタルピーは，それぞれ 942, 391, 436 kJ/mol である。アンモニアの生成エンタルピーを求めよ。

注釈

86)　ギリシャ語で「熱」を意味する enthalpein に由来する。

水素社会と内燃機関 (水素エンジン)

18 世紀にイギリスで始まった産業革命によって，近代工業は発展し，生活レベルは大幅に向上して，人間も飛躍的な繁栄を遂げた。これは，ニューコメン (Thomas Newcomen, 1664–1729) やワット (James Watt, 1736–1819) の蒸気機関の発明によって起きたと言っても過言ではない。その時代に，熱エネルギーを仕事に変換する熱機関を学問とする熱力学が発展した。この蒸気機関の燃料として使われたのは，石炭などの化石燃料である。その後，オットー (Nikolaus August Otto, 1832–1891) が発明したガソリンを燃料とするエンジンが，蒸気機関車や蒸気船などの蒸気機関に代わる新しい動力として注目された。さらに，自動車にもガソリンを使う技術が進むことで，石油などの液体燃料の使用量がよりいっそう増えた。1890 年代から自動車は本格的な進化を遂げ，現在では，乗用車，飛行機，トラック，船舶をはじめとする運輸に化石燃料の液体やガスを使う内燃機関がなくてはならないものである。しかし，化石燃料の枯渇が懸念されることや二酸化炭素の排出による地球温暖化への影響が世界中で問題視され，世界各国がカーボンニュートラルに向けて二酸化炭素排出量を抑えた代替燃料への転換が求められている。代替燃料候補の 1 つは，水素である。その中でも水素エンジンは，水素を燃料とする内燃機関であり，水素燃焼時に発生する圧力から動力を得る。空気中の酸素による水素の燃焼は，水のみを生成する化学反応のため，カーボンニュートラルを実現する 1 つの手段として注目されている。

3-3 酸・塩基と中和反応

3-3-1 酸・塩基

酸と塩基の定義は，以下の3種類に分類でき，後者ほど広義である。

(1) アレニウスの定義[87]

酸 $\cdots$ 水素イオン (H^+) を放出する物質 (例: $CH_3COOH \to CH_3COO^- + H^+$)

塩基 $\cdots$ 水酸化物イオン (OH^-) を放出する物質 (例: $NaOH \to Na^+ + OH^-$)

(2) ブレンステッド-ローリーの定義[88]

酸 $\cdots$ 水素イオンを与える (供与する) 物質

(例: $HCl + NH_3 \to {NH_4}^+ + Cl^-$ の場合は HCl)

塩基 $\cdots$ 水素イオンを受け取る (受容する) 物質

(例: $HCl + NH_3 \to {NH_4}^+ + Cl^-$ の場合は NH_3)

(3) ルイスの定義[89]

酸 $\cdots$ 電子対を受け取る物質 (例: $H^+ + NH_3 \to {NH_4}^+$ の場合は H^+)

塩基 $\cdots$ 電子対を与える物質 (例: $H^+ + NH_3 \to {NH_4}^+$ の場合は NH_3)

(1) の定義は，水溶液中での酸・塩基について便利である[90]。(2) の定義は，H^+ の授受[91] による酸・塩基の概念で気体の反応にも適用できる。また，生成物は逆反応でもとの酸や塩基を生じるので，生成物を**共役酸・共役塩基**という。(2) の例では，Cl^- は共役塩基，${NH_4}^+$ が共役酸である。(3) の定義は，錯体や固体の触媒などにも広く適用できる。

酸や塩基のような電解質が水に溶解すると，その一部はイオンに**電離**し，電離前の物質との間で**電離平衡**に達する。電解質の電離した割合 (電離した電解質の物質量/溶解した電解質の物質量) を**電離度** α で表し，$\alpha = 1$ は，すべて電離していることを示す。電離度 α は，電解質の濃度や温度に依存する。一般に，酸や塩基では電離度の大小をその強

表 20: 代表的な酸と塩基の価数

	1価	2価	3価
強酸	HCl, HNO_3	H_2SO_4	
弱酸	CH_3COOH	$H_2C_2O_4$, H_2S	H_3PO_4
強塩基	NaOH, KOH	$Ca(OH)_2$, $Ba(OH)_2$	
弱塩基	NH_4OH	$Cu(OH)_2$	$Fe(OH)_3$

弱で示し，α が 1 に近いほど強い酸・塩基，1 より小さくなるほど弱い酸・塩基という。

表 20 に代表的な酸と塩基の価数を示す。**酸・塩基の価数**は，(1) の定義で放出する H^+ や OH^- の形式的な数であり，酸・塩基の強弱とは無関係である。

3-3-2 中 和 反 応

酸と塩基が反応することを酸と塩基の中和という。その反応を**中和反応**といい，塩が生成する。(1) の定義では，中和反応を「酸＋塩基 → 塩＋水」と表すことができる。ただし，(2) や (3) の定義では，反応で水が生じるとは限らない。

水溶液中で酸と塩基が過不足なく中和するとき，酸の放出する H^+ と塩基の放出する OH^- がちょうど等しい。したがって，次の関係が成り立つとき，酸と塩基は過不足なく中和する。

$$\text{酸の物質量} \times \text{酸の価数} = \text{塩基の物質量} \times \text{塩基の価数}$$

濃度 $c\,(\text{mol/L})$ で n 価の酸の水溶液 $v\,(\text{mL})$ 中には，$cv/1000\,\text{mol}$ の酸が含まれ，$ncv/1000\,\text{mol}$ の水素イオンを放出できる。この酸を濃度 $c'\,(\text{mol/L})$ で n' 価の塩基の水溶液 $v'\,(\text{mL})$ で中和するとき，次式が成り立つ。

$$\frac{ncv}{1000} = \frac{n'c'v'}{1000}$$

したがって，酸または塩基のいずれか一方の正確なモル濃度がわかれば，もう一方のモル濃度を中和反応で求めることができる。中和反応を利用して，酸や塩基の濃度を決定する操作を**中和滴定**という (図 30)。中和反応の終点の判断には，指示薬が用いられる (表 21)。

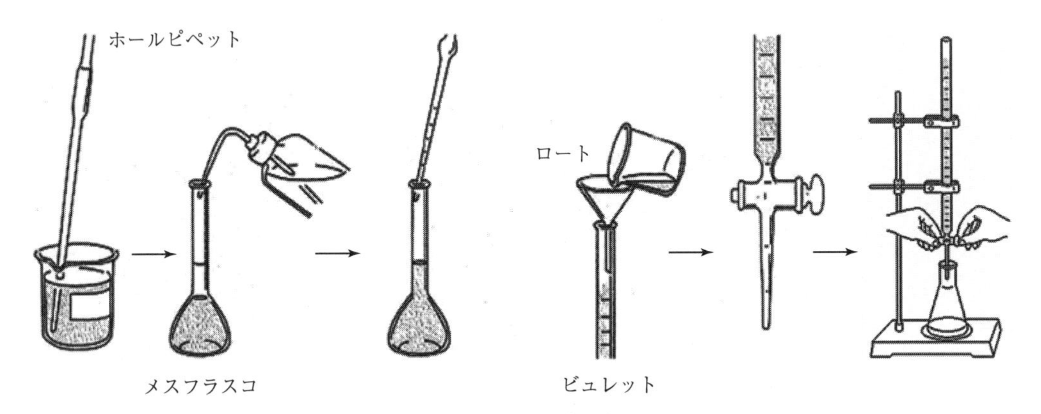

図 30: 中和滴定操作

表 21: 指示薬一覧

指示薬名	変色域 (pH)	色調
メチルバイオレット methyl violet	0.1 - 1.5	黄色 - 青色
チモールブルー thymol blue (acid)	1.2 - 2.8	赤色 - 黄色
メチルイエロー methyl yellow	2.9 - 4.0	赤色 - 黄色
ブロモフェノールブルー bromophenol blue	3.0 - 4.6	黄色 - 青色
コンゴーレッド congo red	3.0 - 5.0	紫色 - 赤色
メチルオレンジ methyl orange	3.1 - 4.4	赤色 - 橙色
メチルレッド methyl red	4.2 - 6.2	赤色 - 黄色
リトマス litmus	4.5 - 8.3	赤色 - 青色
ブロモチモールブルー bromothymol blue	6.0 - 7.6	黄色 - 青色
フェノールレッド phenol red	6.8 - 8.4	黄色 - 赤色
フェノールフタレイン phenolphthalein	7.8 - 10.0	無色 - 赤紫
チモールブルー thymol blue (base)	8.0 - 9.6	黄色 - 青色
チモールフタレイン thymolphthalein	8.4 - 10.6	無色 - 青色
アリザリンイエロー alizarine yellow	10.1 - 12.0	黄色 - すみれ色

例題 3-5　シュウ酸二水和物 $(COOH)_2 \cdot 2H_2O$ (分子量 126) を 0.63 g 水に溶かして，全量を 100 mL にした。この水溶液 10 mL に対して，水酸化ナトリウム水溶液を 20 mL 滴下したところ，中和点に達した。このシュウ酸水溶液と水酸化ナトリウム水溶液のモル濃度を求めよ。

解答　シュウ酸二水和物 $(COOH)_2 \cdot 2H_2O$ 0.63 g は，$\frac{0.63}{126} = 0.0050\,\mathrm{mol}$
これが 100 mL に含まれるので，モル濃度は $\frac{0.0050}{0.100} = 0.050\,\mathrm{mol/L}$
水酸化ナトリウム水溶液の濃度を $x\,\mathrm{mol/L}$ とすると，$2 \times 0.050 \times 10 = 1 \times x \times 20$ より，$x = 0.050\,\mathrm{mol/L}$

3-3-3　pH

純水の電離反応は $H_2O \rightarrow H^+ + OH^-$ で，その電離度は 25°C で $\alpha = 1.81 \times 10^{-9}$ である。したがって，中性の純水中には，同じ濃度の水素イオンと水酸化物イオンが存在し

$$[H^+] = [OH^-] = 1.0 \times 10^{-7}\,\mathrm{mol/L}$$

である。酸性水溶液の $[H^+]$ はこの値より大きく，塩基性水溶液の $[H^+]$ はより小さくなる。水溶液の酸性，塩基性を示す指標として **pH**[92] を使うと，小さな数値の $[H^+]$ を直接用いるよりも便利である (図 31)。pH は

$$\mathrm{pH} = -\log_{10}[H^+]$$

によって水溶液中の $[H^+]$ の逆数を常用対数で表し，値が小さいほど酸性度が高い。

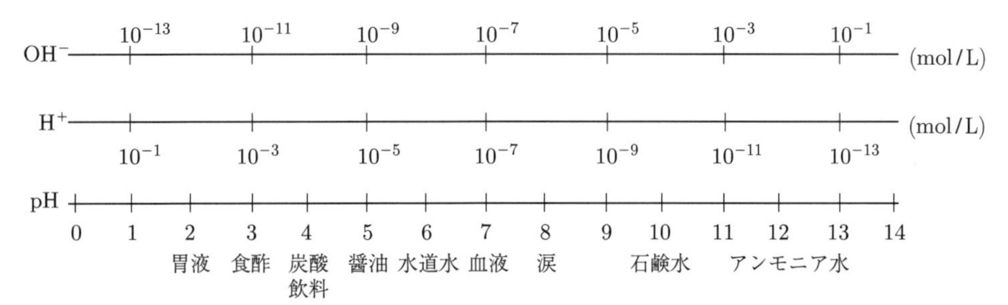

図 31: 水素イオンと水酸化物イオン濃度に対応する pH と身近な物質の pH

例題 3-6　次の水溶液の 25°C での pH を求めよ。ただし，25°C での水のイオン積 ($K_w = [H^+][OH^-]$) は，$1 \times 10^{-14}\,(\mathrm{mol/L})^2$ である。

(1)　0.1 mol/L の塩酸

(2)　0.01 mol/L の酢酸 (電離度 0.01)

(3)　0.01 mol/L の水酸化ナトリウム水溶液

解答　(1)　$[H^+] = 0.1 \times 1\,\mathrm{mol/L}\,(\alpha = 1) = 10^{-1}\,\mathrm{mol/L}$, $\mathrm{pH} = -\log 10^{-1} = 1$

(2)　$[H^+] = 0.01 \times 0.01\,\mathrm{mol/L}\,(\alpha = 0.01) = 10^{-4}\,\mathrm{mol/L}$, $\mathrm{pH} = -\log 10^{-4} = 4$

(3)　$[OH^-] = 0.01\,\mathrm{mol/L}$, $[H^+] = \frac{K_w}{[OH^-]} = \frac{1\times10^{-14}}{1\times10^{-2}} = 1 \times 10^{-12}\,\mathrm{mol/L}$,

$\mathrm{pH} = -\log 10^{-12} = 12$

演習問題 3-3

3.8 ブレンステッド-ローリーの定義に基づいて，次の反応で水が酸または塩基のどちらとして作用しているか示せ。

(1) $CH_3COOH + H_2O \rightarrow CH_3COO^- + H_3O^+$

(2) $NH_3 + H_2O \rightarrow NH_4{}^+ + OH^-$

3.9 次の酸と塩基が，ちょうど過不足なく中和する化学反応式を書け。

(1) 酢酸と水酸化ナトリウム

(2) 硫酸と水酸化ナトリウム

(3) 塩酸とアンモニア

(4) 塩酸と水酸化カルシウム

3.10 中和反応について次の問いに答えよ。

1. 0.250 mol/L の硫酸 10 mL を中和するために必要な 0.20 mol/L の水酸化ナトリウム水溶液の体積 (mL) を求めよ。

2. ある濃度の塩酸 10.0 mL を 0.200 mol/L の水酸化ナトリウムで中和滴定したところ 12 mL 要した。塩酸の濃度 (mol/L) を求めよ。

3. 0.100 mol のアンモニアを水に溶解して 100 mL とした。このアンモニア水 10.0 mL を中和するために必要な 0.100 mol/L の塩酸の体積 (mL) を求めよ。

3.11 次の水溶液の pH を求めよ。ただし，原子量は H = 1.00，C = 12.0，O = 16.0，Cl = 35.5，Na = 23.0 とする。

(1) 0.020 mol/L の塩酸

(2) 0.720 mol/L のギ酸水溶液 (電離度 0.028)

(3) 水酸化ナトリウム 0.0100 g を水に溶解して 500 mL に希釈した溶液

注釈

87) Svante A. Arrhenius (1859-1927) にちなむ名称。
88) Johannes N. Brønsted (1879-1947), Thomas M. Lowry (1874-1936) にちなむ名称。
89) Gilbert N. Lewis (1875-1946)) にちなむ名称。
90) H^+ は水溶液中で水和されて，おもにオキソニウムイオン (H_3O^+) として存在している。
91) 受け取る側をアクセプター (acceptor)，与える側をドナー (donor) という。
92) 水素イオン指数 (hydrogen-ion exponent) ともいう。

3-4 酸化数と酸化還元反応

3-4-1 酸 化 数

鉄と銅の酸化物には，それぞれに赤や黒の固体がある。これら酸化物の色の違いは，鉄と銅がそれぞれ結合している酸素の数と関係しており，同一元素が複数の状態になり得ることを示している。化合物中の原子が，このような複数の状態をとることは鉄や銅に限らず一般的である。

そこで，いろいろな化合物中で，注目する原子の状態の違いを簡単に区別できる方法があると便利である。**酸化数**は，そのような方法の 1 つで，化合物中での原子間で電子の授受を仮定した便宜的な考え方である。すなわち，化合物中の原子間での結合がすべてイオンからなっているとみなして，原子に**形式的な電荷**を割り当て，その原子の酸化数とする。酸化数の割り当て方とその適用例を表 22 に示す。

表 22: 酸化数の割り当て方と適用例

1	単体中の原子の酸化数は 0 とする。	H_2 (H: 0),　O_2(O: 0),　Cu(Cu: 0)
2	単原子イオンの酸化数はイオンの価数に等しい。	H^+(H: +1),　Na^+(Na: +1),　Cl^-(Cl: −1)
3	化合物の構成原子の酸化数の総和は 0 とする。	HNO_3(H: +1, N: +5, O: −2)
4	化合物中の水素原子の酸化数は +1 とする。ただし，金属の水素化物では H は −1 とする。	NH_3(N: −3, H: +1),　H_2O(H: +1, O: −2) LiH(Li: +1, H: −1)
5	化合物中の酸素原子の酸化数は −2 とする。ただし，過酸化物では O は −1 とする。	CO_2(C: +4, O: −2),　MgO(Mg: +2, O: −2) H_2O_2(H: +1, O: −1)
6	多原子イオンの構成原子の酸化数の総和は，そのイオンの価数に等しい。	$SO_4{}^{2-}$(S: +6, O: −2),　$NO_3{}^-$(N: +5, O: −2)

上の 1〜6 に当てはまらない場合には，電気陰性度の大小を考慮して決める。

例題 3-7 次の物質の下線の元素の酸化数を答えよ。

(1) Mg (2) MgO (3) MgSO$_4$

解答 (1) 0 (2) +2 (3) +2

3-4-2 酸化還元反応

原子の酸化数の変化に着目すると，多くの化学反応を整理できる。**酸化反応**の名称は，燃焼によって原子が酸素と結合して，酸素に電子が奪われることに由来する。すなわち，反応した相手が原子，分子，イオンから電子を奪うのが酸化反応である。逆に，**還元反応**は，反応した相手が原子，分子，イオンに電子を与える反応である。電子の授受が成り立つ**酸化還元反応**では，酸化反応と還元反応は必ず同時に起こり，相手を酸化する作用をもつ物質を**酸化剤**，相手を還元する作用をもつ物質を**還元剤**という。

マグネシウムを空気中で点火すると，次式に示す激しい燃焼反応

$$2Mg + O_2 \rightarrow 2MgO$$

が起こる。ここで，マグネシウムは電子を失って陽イオンに酸化され，その変化は

$$Mg \rightarrow Mg^{2+} + 2e^-$$

である。同時に，マグネシウムが出した電子を酸素が受け取り，その変化は

$$O_2 + 4e^- \rightarrow 2O^{2-}$$

である。現象を表すだけのはじめの式だけでは電子の授受は不明であるが，酸化剤と還元剤ごとに別々に記述した化学反応式 (半反応式) で酸化反応と還元反応に分けると，どのように電子が授受されたかがわかる。なお，上記の燃焼反応では，酸素が酸化剤であり，マグネシウムが還元剤である。

3-4-3 酸化還元滴定

濃度がわかっている酸化剤や還元剤の溶液 (標準溶液) を用いて，濃度がわからない溶液の濃度を求める方法として，**酸化還元滴定**がある。酸化還元滴定に使用される代表的な酸化剤・還元剤を表 23 に示す。酸化剤の標準溶液として過マンガン酸カリウム ($KMnO_4$) 水溶液がよく使用され，$MnO_4{}^-$ イオンによる特徴的な赤紫色を示す。この水溶液を，還元剤の水溶液に滴下すると，酸化剤として働いた $MnO_4{}^-$ イオンは，無色の Mn^{2+} に変化する。さらに，水溶液を滴下して還元剤がなくなると $MnO_4{}^-$ は変化しないので，滴定していた溶液が淡紅色に着色して，還元剤との反応の終点 (当量点) がわかる。このような過マンガン酸滴定においては，指示薬が不要である。また，還元剤の標準溶液には，チオ硫酸ナトリウム ($Na_2S_2O_3$) やシュウ酸ナトリウム ($Na_2C_2O_4$) などの水溶液が用いられる。

表 **23:** 酸化剤と還元剤の例

酸化剤	酸化剤の半反応式
$KMnO_4$	$MnO_4^- + 8H^+ + 5e^- \rightarrow Mn^{2+} + 4H_2O$ (酸性条件下)
K_2CrO_7	$Cr_2O_7^{2-} + 14H^+ + 6e^- \rightarrow 2Cr^{3+} + 7H_2O$ (酸性条件下)
Cl_2	$Cl_2 + 2e^- \rightarrow 2Cl^-$
H_2O_2	$H_2O_2 + 2H^+ + 2e^- \rightarrow 2H_2O$
SO_2	$SO_2 + 4H^+ + 4e^- \rightarrow S + 2H_2O$
還元剤	**還元剤の半反応式**
$Na_2C_2O_4$	$C_2O_4^{2-} \rightarrow 2CO_2 + 2e^-$
H_2S	$H_2S \rightarrow S + 2H^+ + 2e^-$
KI	$2I^- \rightarrow I_2 + 2e^-$
$Fe(NO_3)_2$	$Fe^{2+} \rightarrow Fe^{3+} + e^-$
$Na_2S_2O_3$	$2S_2O_3^{2-} \rightarrow S_4O_6^{2-} + 2e^-$
H_2O_2	$H_2O_2 \rightarrow O_2 + 2H^+ + 2e^-$
SO_2	$SO_2 + 2H_2O \rightarrow SO_4^{2-} + 4H^+ + 2e^-$

K^+, Na^+, NO_3^- は酸化還元反応に寄与しない。

例題 3-8　硫酸酸性条件下で 0.10 mol/L の過マンガン酸カリウム水溶液と硫化水素を反応させる。次の問いに答えよ。

(1)　どちらが酸化剤でどちらが還元剤か。

(2)　この酸化還元反応をイオン反応式で表せ。

(3)　過マンガン酸カリウム水溶液 10 mL と過不足なく反応する硫化水素は何 mol か。

解答　(1)　過マンガン酸カリウム ($KMnO_4$) が酸化剤，硫化水素 (H_2S) が還元剤である。実際には，カリウムイオン (K^+) は反応に寄与せず，過マンガン酸イオン (MnO_4^-) が反応する。

(2)　酸化還元反応は電子の受け渡しの反応なので，還元剤から放出された電子と酸化剤が受け取る電子がちょうど相殺するように反応式をつくる。(MnO_4^- のイオン反応式) × 2 と (H_2S のイオン反応式) × 5 を辺々足し合わせて整理すると，次のイオン反応式が得られる。

$$2MnO_4^- + 5H_2S + 6H^+ \rightarrow 2Mn^{2+} + 5S + 8H_2O$$

(3)　(2) のイオン反応式の係数から，MnO_4^- と H_2S は物質量比 2 : 5 で反応することがわかる。ちょうど反応する硫化水素の物質量を n (mol) とすると，

$MnO_4^- : H_2S = 0.10 \times \frac{10}{1000} : n = 2 : 5$ より，$n = 2.5 \times 10^{-3}$ mol

---

▌演習問題 3-4

3.12　次の化学式で表した物質の名称と，酸化数 (H と O および Na を除く) を書け。

(1) H_2S　(2) SO_2　(3) HCl　(4) $HClO_2$　(5) $Na_2S_2O_3$

(6) H_2SO_4　(7) $HClO$　(8) $HClO_4$

3-5 イオン化傾向と電極電位

3-5-1 イオン化傾向

金属の酸化されやすさは，それぞれ異なる。金属が溶液中で酸化されて陽イオンになろうとする性質をイオン化傾向[93)]，またイオン化傾向を大きい順に並べたものをイオン化列という。例えば，リチウム，カリウム，カルシウム，ナトリウムは，空気中で容易に酸化されて酸化物や過酸化物に変化する。このような金属は，水とも激しく反応して水酸化ナトリウムと水素を生じる。カリウムはナトリウムよりも激しく反応して水酸化カリウムと水素を生じる。これらの反応は，金属が水に電子を与えて起こり，自身は水酸化物に変化する。したがって，これらの金属は，反応しない灯油などの疎水的な液体内で保存する。イオン化傾向が低いアルミニウム，亜鉛，鉄は，常温の水とは反応しにくい一方，塩酸などの酸の水溶液と反応し，酸化されて水素を生じる。白金や金などイオン化傾向が小さい金属は，空気や水，ふつうの酸に触れても酸化されずに電子を失うことがない。

硫酸銅 (Ⅱ) の水溶液に亜鉛を浸すと，次の反応によって亜鉛が溶解し銅が析出する。

$$Zn + CuSO_4 \rightarrow ZnSO_4 + Cu$$

この反応は，水溶液中で亜鉛が銅よりも酸化されやすいことを示し，結果として亜鉛がイオンとして溶解する。これは，イオン化傾向のより大きい金属がより小さい金属のイオンと反応して，イオン化傾向がより小さい金属イオンが電子を受け取って単体の金属として析出するためである。また，水素よりもイオン化傾向が大きい金属の単体は，水溶液中の水素イオンと反応して水素を還元し，自身は酸化される。

例題 3-9 4 種類の金属 A, B, C, D がある。次の (1)～(3) に基づいて，これらの金属のイオン化傾向の大きい金属から答えよ。

(1) A, C は希硫酸と反応して水素を発生する。B，D は希硫酸と反応しない。

(2) A の酸化物は，C で還元されて単体になる。

(3) B のイオンを含む水溶液に D を入れると，B の単体が析出する。

解答 (1) より希硫酸と反応する金属は，A, C $>$ B, D である。(2) より C $>$ A である。(3) よりイオン化傾向の小さい金属の化合物や水溶液からは，単体が生じやすいので D $>$ B である。したがって，C $>$ A $>$ D $>$ B となる。

3-5-2　酸化還元電位

イオン化傾向は，金属やイオンの間で起こる酸化還元反応を理解しやすいものの，定性的な指標である。一般に，1 mol/L の水素イオンの水溶液に Pt を浸して水素ガスを通じ，標準状態で平衡に達した電極を標準水素電極として，その電位を 0 V とする。この標準水素電極と対極との電位差を**標準酸化還元電位**または**標準電極電位**[94] という。例えば，対極として亜鉛を 1 mol/L の Zn^{2+} イオンの水溶液に浸して，標準水素電極の Pt と短絡させたときの電位差 (起電力) を亜鉛の標準電極電位とする。また，銅を Cu^{2+} イオンの水溶液に浸して同様に電位差 (起電力) を測定する。それぞれの酸化還元電位 (規約により還元電位) は，亜鉛が −0.7626 V で，銅は 0.340 V である。このように，標準電極電位を使うと，反応をより定量的に扱うことができる。なお，これらの反応において，亜鉛は溶解してから水素が発生し，溶液中の Cu^{2+} イオンは銅として析出する。表 A.11 に，さまざまな金属の標準電極電位を示す。この標準電極電位を用いて，各金属を電極とした半反応式から酸化還元反応の進行方向がわかる。この進行方向を決めるには，次のような規則がある。なお，酸化還元電位は Ag/AgCl や Hg/Hg_2Cl_2 のような実用的な基準電極を用いて測定することも多い。

(1)　電極反応は，すべて還元反応として記載する。

$$\text{酸化体} + ne^- \rightarrow \text{還元体} \quad E = \quad (\qquad) \text{V}$$

(2)　(1) での電極反応が自発的に右向きに進む場合，E は正であり逆は負である。これらの値が大きいほど強い酸化剤，還元剤である。

(3)　(1) の反応式の右辺と左辺を入れ替えると，E の符号も逆になる。

例題 3-10　次の反応の自発的に進む向きを答えよ。

$$2Fe^{3+} + Cu \rightleftharpoons 2Fe^{2+} + Cu^{2+}$$

ただし，電極の標準電極電位は次の値を用いよ。

$$(1) \quad Fe^{3+} + e^- \rightarrow Fe^{2+} \qquad (E = +0.77\,\text{V})$$

$$(2) \quad Cu^{2+} + 2e^- \rightarrow Cu \qquad (E = +0.34\,\text{V})$$

解答　　$E = +0.77 - (+0.34) = +0.43\,\text{V}$

正であるため，反応は右向きに自発的に進む。

▮演習問題 3-5

3.13 次の場合，どのような反応が起こるか反応式で答えよ。反応が起こらない場合は，反応しないと答えよ。

(1) 希硫酸に亜鉛板を浸した。

(2) 希硫酸に銀板を浸した。

(3) 硝酸銀水溶液に銅板を浸した。

▮注釈

93) 真空中で測定するイオン化エネルギーと区別を要する。

94) 水素のみ酸化反応で示し，他はすべて還元反応とする。

3-6　電池と電気分解

3-6-1　化 学 電 池

異種金属を電極 (極) として電解質溶液に浸した化学電池は，金属間の酸化還元反応で生じる化学エネルギーを直流の電気エネルギーに変換する。酸化されるアノード (負極) が放出した電子は，外部回路を通ってカソード (正極) が受け取り，カソードが還元される。このように，電子は外部回路をアノードからカソードに向かって流れ，その逆方向を電流の方向 (カソードからアノード) と決めている。すなわち，異種金属を電解液に浸したとき，電極電位のより低い (イオン化傾向がより大きく酸化されやすい) 金属がアノードで，電極電位のより高い (イオン化傾向がより小さく還元されやすい) 金属がカソードになる。

化学電池には，**1** 次電池，**2** 次電池 (蓄電池)，燃料電池，生物電池[95] などがある。図 32 に示すダニエル電池[96] は，はじめて作られたボルタ電池[97] と同じく，放電のみできる 1 次電池である。この電池は，アノードに亜鉛板，カソードに銅板を使用し，それぞれの硫酸塩水溶液を素焼き板で仕切った構成で，次のように表す。

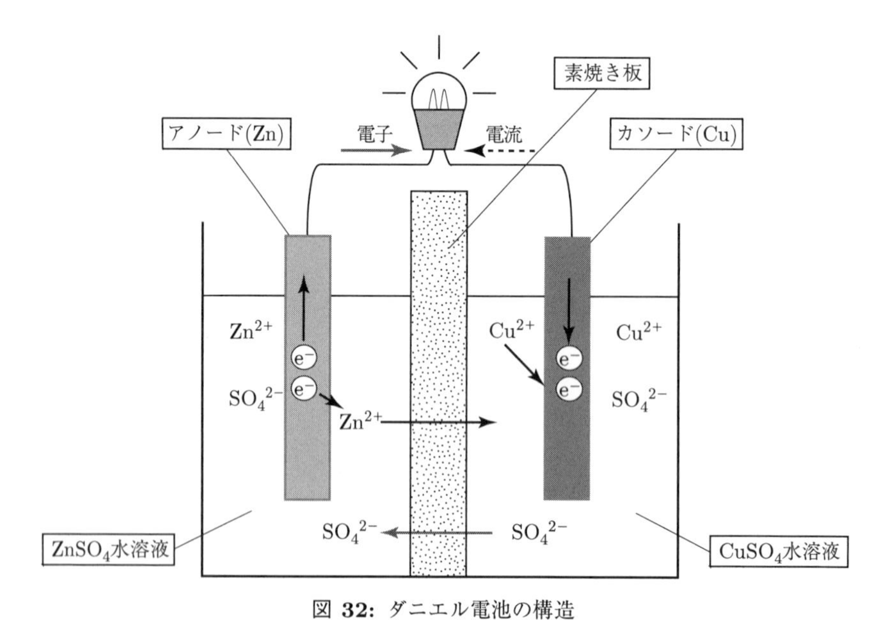

図 **32:** ダニエル電池の構造

$$(-)\mathrm{Zn}\,|\,\mathrm{ZnSO_4aq}\,|\,\mathrm{CuSO_4aq}\,|\,\mathrm{Cu}(+)$$

この電池は，ボルタ電池で起こる水素の発生はなく，安定した起電力 (約 1.1 V) が得られる。アノードでは $\mathrm{Zn} \rightarrow \mathrm{Zn^{2+}} + 2\mathrm{e^-}$ の酸化反応が，カソードでは $\mathrm{Cu^{2+}} + 2\mathrm{e^-} \rightarrow \mathrm{Cu}$ の還元反応が起こる。

このような電池を発端に，さまざまな電池が実用化されている。実用化されている電池を表 24 に示す。

表 24: 実用的な電池

電池の名称	起電力 (V)	構成
マンガン乾電池	1.5	$(-)\mathrm{Zn}\,\|\,\mathrm{ZnCl_2}\ (\mathrm{NH_4Cl})\mathrm{aq}\,\|\,\mathrm{MnO_2},\ \mathrm{C}(+)$
鉛蓄電池	2.1	$(-)\mathrm{Pb}\,\|\,\mathrm{H_2SO_4aq}\,\|\,\mathrm{PbO_2}(+)$
燃料電池	1.23	$(-)\mathrm{H_2}\,\|\,\mathrm{KOHaq}\,\|\,\mathrm{O_2}(+)$
アルカリマンガン電池	1.5	$(-)\mathrm{Zn}\,\|\,\mathrm{KOHaq}\,\|\,\mathrm{MnO_2}(+)$
リチウム電池	3.0	$(-)\mathrm{Li}$ | フッ素化合物＋有機電解質 | $\mathrm{MnO_2}$ or $(\mathrm{CF})_n(+)$
酸化銀電池	1.55	$(-)\mathrm{Zn}\,\|\,\mathrm{KOHaq}\,\|\,\mathrm{Ag_2O}(+)$
空気電池	1.2	$(-)\mathrm{Zn}\,\|\,\mathrm{NH_4Cl}\,\|\,\mathrm{O_2}(+)$
ニッケル・カドミウム電池	1.3	$(-)\mathrm{Cd}\,\|\,\mathrm{KOHaq}\,\|\,\mathrm{NiO(OH)}(+)$
ニッケル・水素電池	1.2	$(-)$ 水素貯蔵合金 | KOHaq | $\mathrm{NiO(OH)}(+)$
リチウムイオン電池	3.6	$(-)\mathrm{LiC}$ | リチウム化合物＋有機電解質 | $\mathrm{CoO_2}(+)$

例題 3-11 金属 A と B を用意して電極とした。電極 A と B の間に電球をつないで溶液 C に浸したところ，電球が点灯した。このとき，電流は，電極 A から B に流れた。次の問いに答えよ。

(1) 金属が銅と亜鉛だった場合，どちらの金属が電極 A か答えよ。

(2) 溶液 C として砂糖水を用いるのは，不適切と考えられる。理由を答えよ。

解答 (1) 電流が A から B に流れる場合，電子は B から A に流れる。したがって，イオン化傾向の小さい銅が電極 A である。

(2) 溶液中はイオンの流れが必要である。したがって，電解質溶液ではない砂糖水は不適切である。

3-6-2 電 気 分 解

化学電池は，金属固有の電極電位に基づく自発的な酸化還元反応を利用して電気エネルギーを得る。逆に，外部から電気エネルギーを与えると強制的に酸化還元反応を起こすことができ，これを電気分解という。外部電源のプラス極とつないだ極をアノード (陽極)，マイナス極とつないだ極をカソード (陰極) という。アノード上ではイオンや分子が電子を失う酸化反応が，カソード上では外部から電子が流れ込む還元反応が起こる。

電気分解によって反応する物質の物質量は，移動した電子の物質量に比例する。これをファラデーの法則という。電解槽に 1 A の電流を 1 秒間通すと，理論的には 1 C の電気量に対応する酸化還元反応が起こる。電子 1 mol の移動を伴う酸化還元反応に使われる電気量は 1 F (9.65×10^4 C) である。

電気分解は工業的に重要で，水酸化ナトリウムの製造，アルミニウムや純銅の精錬などに利用されている。

演習問題 3-6

3.14 亜鉛 (Zn) 板と銅 (Cu) 板を希硫酸 (H_2SO_4aq) に入れて電池を構成した。電子 1 mol が流れたときの化学変化の量を，電極の質量 (g) の増減，発生気体の標準状態での体積 (L) で示せ。ただし，原子量は Cu = 63.6, Zn = 65.4, O = 16, H = 1.0 とし，1 mol の気体は標準状態で 22.4 L とする。また，Zn と Cu の標準電極電位は，それぞれ −0.76, +0.34 V とする。

3.15 適当な濃度の硫酸銅 (Ⅱ) 水溶液に，100 g の粗銅をアノード，100 g の純銅をカソードとして，1.0 A の電流で 1.93 時間電気分解した。

1. 各電極上で起こる酸化および還元反応を，半反応式で示せ。
2. 電気分解に用いた電気量 (C) を求めよ。
3. 電気分解後，純銅は最大で何 g になるか求めよ。

注釈

95) 生物の化学反応を利用して，優れた性能をもつ蓄電池も近年開発されている。

96) ダニエル (John F. Daniell, 1790 - 1845) が 1836 年に考案した。

97) ボルタ (Alessandro G. A. A. Volta, 1745 - 1827) が 1800 年に考案した。

水素社会と燃料電池

日本は，2050年の「脱炭素化」を表明して，水素の活用を重点項目に掲げた。2021年に開催された東京2020オリンピック・パラリンピック競技大会では，聖火の燃料に水素が用いられ，シンボルとして印象的だった。聖火だけではなく，水素を利用した燃料電池を用いて，大会で使用される自動車やバス，選手村の一部の照明や空調に利用されていた。水素の単体は，自然界にはほとんど存在しないため，このオリンピックでは福島県浪江町の「福島水素エネルギー研究フィールド (FH2R)」に設置された大規模太陽光発電所の電力を使って，水を電気分解して水素を取り出した。この水素はトレーラーで都内に運ばれて利用されている。燃料電池は，燃料が反応する負極と空気が反応する正極と電解質から構成されている。作動温度が低く，装置が小型化できることからも，家庭用燃料電池としても普及した。この家庭用燃料電池の水素は，都市ガスの主成分であるメタンと水蒸気の反応 (改質反応) によってつくられている。その発電効率は，40～45%と高く，しかも発電で生じる廃熱を冷暖房や給湯に利用しており，コジェネレーションシステムとして注目されている。

Ⅳ 編

有機化学の基礎

4-1　有機化合物の分類

4-1-1　有機化合物の特徴

有機化合物は，炭素原子を骨格にもつ分子性化合物である。有機化合物の構成元素は，炭素，水素，窒素，酸素，リン，硫黄，ハロゲン元素など比較的少ないにもかかわらず，有機化合物の種類は極めて多い (表 25)。有機化合物の種類が多い理由には，まず炭素原子が 4 個の価電子をもち 4 つまでのいろいろな原子と結合できること，そして炭素原子どうしが多数連続して結合できることがある。

表 25: 有機化合物と無機化合物の比較

	有機化合物	無機化合物
構成元素	C と H, N, O, P, S, ハロゲン元素など	すべての元素が含まれる
化合物の種類	極めて多い	比較的少ない
結合	共有結合	イオン結合，金属結合，共有結合
性質	一般に融点・沸点が低い 可燃性の化合物が多い	無機化合物に共通する性質はない

有機化合物は，動植物から微生物にいたるまでの生物体のおもな構成物質である。代謝や生殖など生物の生命活動のあらゆる局面で有機化合物が重要な働きをする。そのため，過去には有機化合物は生物がかかわらなければ生じないと考えられたこともあった。今日では，生物由来の有機化合物だけでなく，石油，石炭，天然ガスなどさまざまな炭素資源を利用して，有用な有機化合物が人間の手で合成されている。

4-1-2　有機化合物の分類

有機化合物は，分子内に存在する**官能基**という部分構造によって分類される。官能基は炭素，水素以外の原子を含むこともあり，それぞれ特有の性質をもつ (表 26)。

有機化合物の分子を表現する化学式には，**分子式**，**示性式**，**構造式**がある (図 33)。構造式にはすべての原子と結合を表示した形式のものと，官能基以外の炭素原子，水素原子を省略して簡単にしたものがある。

表 26: おもな官能基と化合物の分類

官能基	官能基の名称	化合物の分類
$-OH$	ヒドロキシ基	アルコール，フェノール類
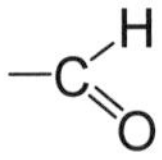 $-CHO$	ホルミル基（アルデヒド基）	アルデヒド
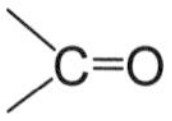 $>C=O$	カルボニル基	ケトンなど
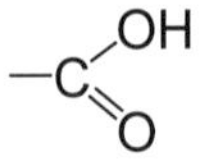 $-COOH$	カルボキシ基	カルボン酸
$-NH_2$	アミノ基	アミン
$-NO_2$	ニトロ基	ニトロ化合物
$-SO_3H$	スルホ基	スルホン酸
$-CN$	シアノ基	ニトリル
$-F$	フルオロ基	ハロゲン化合物
$-Cl$	クロロ基	ハロゲン化合物
$-Br$	ブロモ基	ハロゲン化合物
$-I$	ヨード基	ハロゲン化合物
$-O-$	エーテル結合	エーテル
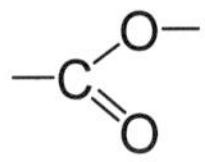 $-COO-$	エステル結合	エステル
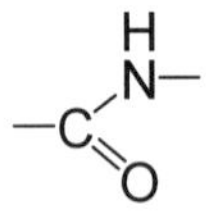 $-CONH-$	アミド結合	アミド

C_3H_8O　　$CH_3CH_2CH_2OH$　　H-C-C-C-O-H (each C bearing H above and below)　　OH

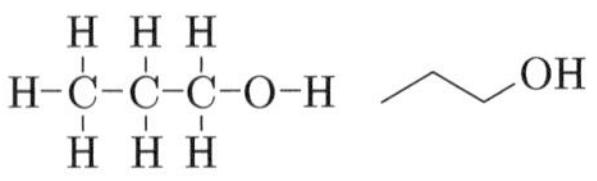

分子式　　示性式　　構造式

図 **33:** 有機化合物 (プロパノール) の化学式

4-1-3 異 性 体

有機化合物には，分子式が同じでも分子の構造が異なる**異性体**が存在する場合が多い。異性体の間では，融点や沸点などの性質が異なる。

有機化合物の異性体には，原子間結合の位置や様式が異なる**構造異性体**と結合順序は同じだが立体的な分子の形が異なる**立体異性体**がある。構造異性体には，炭素原子の結合順序が異なるもの，官能基の結合位置が異なるもの，官能基の種類が異なるものなどがある。一方，立体異性体には，分子内の回転ができないために生じるものと，分子の構造が非対称なために生じるものがある (図 34)。

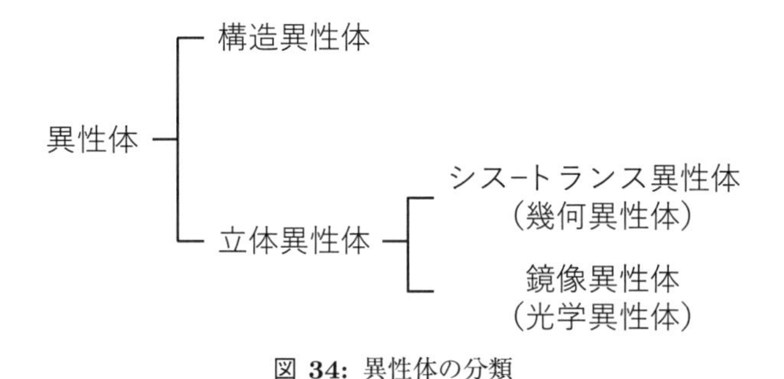

図 34: 異性体の分類

例題 4-1 酢酸の示性式は CH_3COOH である。酢酸の分子式と構造式を書け。

解答 示性式は，官能基 (性質) がわかるように示された化学式であり，酢酸の場合は，カルボキシ基がわかるように，CH_3COOH と表される。分子式と構造式の書き方には次のような特徴がある。

分子式：原子の種類ごとに構成する原子数と一緒に表記する。
したがって，酢酸は $C_2H_4O_2$ となる。

構造式：結合様式がわかるように原子間に価標を用いて記述する。
したがって，酢酸は以下のように書く。

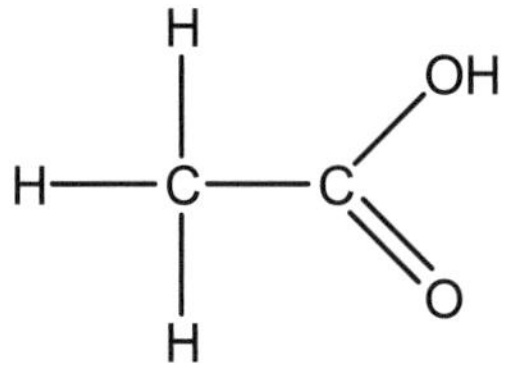

▮演習問題 4-1

4.1　次の (1)〜(4) は，それぞれ有機化合物の特徴か無機化合物の特徴か答えよ。

(1)　生物体の主要な構成物質である。

(2)　可燃性の化合物が多く，燃料として用いられる化合物もある。

(3)　熱に対して安定で，燃えにくいものが多い。

(4)　非電解質が多く，一般に水に溶けにくい。

4.2　Chemical Abstract Service によれば，2024 年前半の時点で知られている化合物は 2.3 億種類以上であるが，そのうち有機化合物が 95%以上を占めている。このように，有機化合物の種類が極めて多い理由を説明せよ。

4.3　分子式，示性式，構造式の違いを説明せよ。

4.4　次の (1)〜(4) のうち，異性体の正しい説明はどれか。

(1)　原子番号が同じで，互いに質量数が異なるもの。

(2)　1 種類の元素からできていて，互いに性質が異なるもの。

(3)　同じ分子式をもち，互いに構造式が異なるもの。

(4)　1 種類の構造が繰り返し結合したもの。

4-2　炭化水素の構造と性質

4-2-1　炭 化 水 素

炭素原子と水素原子だけからなる有機化合物を炭化水素という。炭化水素には2種の元素しか含まれないが，炭素原子が互いに結合できること，分枝状構造や環状構造をつくれること，炭素原子間に二重結合や三重結合をつくれることなどから多様な構造をもつ。

炭化水素は，天然ガス，プロパンガス，ガソリン，灯油，軽油など，ガス状または油状の燃料としてエネルギー源に利用されるほか，石油化学産業の素材としてさまざまな石油化学製品の原料としても用いられる。

4-2-2　アルカン・シクロアルカン

分子を構成する炭素原子どうしや水素原子との結合が，単結合のみからなる炭化水素を**飽和炭化水素**という。単結合は，2個の電子からなる1組の電子対を共有している。飽和炭化水素のうち，炭素骨格が直鎖状または分枝状の構造をもつものを**アルカン**，環状構造をもつものは**シクロアルカン**という。

アルカンには，分枝状の炭素骨格をもつ異性体が多数存在する。その名称は分子構造を反映する命名手順に従って決めるので，名称から1つの分子構造を特定することができる。命名の手順は以下のとおりである。

(1)　アルカンの分子構造で最も長い炭素原子からなる直鎖状アルカンを主鎖とする(表27)。

(2)　主鎖の一端からもう一端に向けて，炭素原子に位置番号を割り振る。その際，主鎖から枝分かれした炭素原子 (側鎖) の順番が最小になるようにする。

(3)　枝分かれ部分をアルキル置換基として命名する (表28)。

(4)　位置番号‐置換基名称 (アルファベット順) そして主鎖である直鎖状アルカンの名称の順に並べて分枝アルカンの名称とする (表29)。

メタンは正四面体の構造をもち，中心に炭素原子，4つの頂点に水素原子が位置している。炭素数が2個以上のアルカンでも，それぞれの炭素原子を中心とする四面体をつないだ構造をしている。

シクロアルカンは炭素骨格が環状構造である。炭素数が5個の環 (5員環) より炭素数の多いシクロアルカンは環を構成する炭素に歪みがなく，直鎖状アルカンと同様の四面体を環状に連結した構造である。一方，炭素数が3個のシクロプロパンと4個のシクロブタンは，炭素間結合のなす角度が直鎖状アルカンより小さく歪んでいる。そのため，

表 **27:** 直鎖状アルカンの名称

名称	示性式	名称	示性式
メタン (methane)	CH_4	ヘキサン (hexane)	$CH_3CH_2CH_2CH_2CH_2CH_3$
エタン (ethane)	CH_3CH_3	ヘプタン (heptane)	$CH_3CH_2CH_2CH_2CH_2CH_2CH_3$
プロパン (propane)	$CH_3CH_2CH_3$	オクタン (octane)	$CH_3CH_2CH_2CH_2CH_2CH_2CH_2CH_3$
ブタン (butane)	$CH_3CH_2CH_2CH_3$	ノナン (nonane)	$CH_3CH_2CH_2CH_2CH_2CH_2CH_2CH_2CH_3$
ペンタン (pentane)	$CH_3CH_2CH_2CH_2CH_3$	デカン (decane)	$CH_3CH_2CH_2CH_2CH_2CH_2CH_2CH_2CH_2CH_3$

表 **28:** アルキル置換基の名称

名称	示性式	名称	示性式
メチル基 (methyl)	CH_3-	プロピル基 (propyl)	$CH_3CH_2CH_2-$
エチル基 (ethyl)	CH_3CH_2-	ブチル基 (butyl)	$CH_3CH_2CH_2CH_2-$

表 **29:** ペンタンの異性体

ペンタン	2-メチルブタン	2,2-ジメチルプロパン
$CH_3CH_2CH_2CH_2CH_3$	$CH_3CH_2CHCH_3$ ｜ CH_3	CH_3 ｜ CH_3CCH_3 ｜ CH_3

5員環以上のシクロアルカンの性質は直鎖状アルカンによく似ているが，シクロプロパンとシクロブタンは分子内に大きな歪みエネルギーを蓄えていて，容易に炭素間結合が切断して開環・分解し，その際大きなエネルギーを放出する。

現在，アルカンのおもな用途は燃料である。アルカンを空気中の酸素で燃焼させ，二酸化炭素と水 (水蒸気) に変化させる。その際に発生する熱と光のエネルギーを人間生活に利用している。

アルカンの沸点と融点は，分子量が大きくなるほど (炭素数が増えるほど) 高くなる。つまり，炭素数が少ないアルカンは気体，炭素数が多くなるにつれて液体さらに固体となる。アルカンの燃料としての用途の違いは，その沸点の違いを反映している。

4-2-3　アルケン・アルキン

炭素原子間に共有結合をつくるとき，2つの炭素原子で共有電子対を2組ないし3組共有することもできる。2組の共有電子対を炭素原子間に共有した結合を**二重結合**といい，二重結合をもつ炭化水素を**アルケン**という。一方，炭素原子間に3組の共有電子対，すなわち**三重結合**をもつ炭化水素を**アルキン**という。

これら多重結合をもつアルケンやアルキンには，以下に述べる構造と反応性の特徴がある。

4-2-4　アルケン

アルケンの二重結合を挟む2つの炭素原子はどちらも平面三角形構造をもち，それぞれの三角形は同じ平面上にある。したがって，エテン(エチレン)分子では，2個の炭素原子と4個の水素原子がすべて同じ平面上に位置している。また，単結合と異なり二重結合を軸にした分子内の回転ができないので，2-ブテンのように**シス-トランス異性体**が生じることがある(表30)。

表30: アルケンの構造

エテン(エチレン) (ethene (ethylene))	シス−2−ブテン (*cis*−2−butene)	トランス−2−ブテン (*trans*−2−butene)
H 121.5° H C=C 117° H H	H H C=C H_3C CH_3	H CH_3 C=C H_3C H

アルケンの二重結合は単結合に比べて反応性が高く，**付加反応**や**酸化反応**を受けやすい。そのため，アルケンは他の有機化合物の原料として工業的にも広く利用されている。エチレンに水分子を付加させるとエタノールが生じ，エチレンを酸化するとアセトアルデヒドを合成できる。また，エチレンを酸化してエチレンオキシドにした後に水と反応させると，不凍液に使われるエチレングリコールになる(図35)。

4-2-5　アルキン

アルキンの三重結合している2つの炭素原子は，三重結合を形成した方向と反対向きの軌道に単結合できる電子をもつ。このため，三重結合した2つの炭素原子と単結合した2つの原子は直線状に並び，最も単純なアルキンである**エチン**(**アセチレン**)は直線型分子である(図36)。

アルキンの三重結合は2回の付加反応で二重結合を経て単結合になる。アルキンへの付加反応も，アルケンと同様に他の有機化合物の合成法として重要である。エチンに塩化水素や酢酸が1分子付加反応すると，それぞれ**塩化ビニル**や**酢酸ビニル**を生じる。これらの分子には炭素原子間の二重結合が残っており，高分子材料の原料となる(図37)。

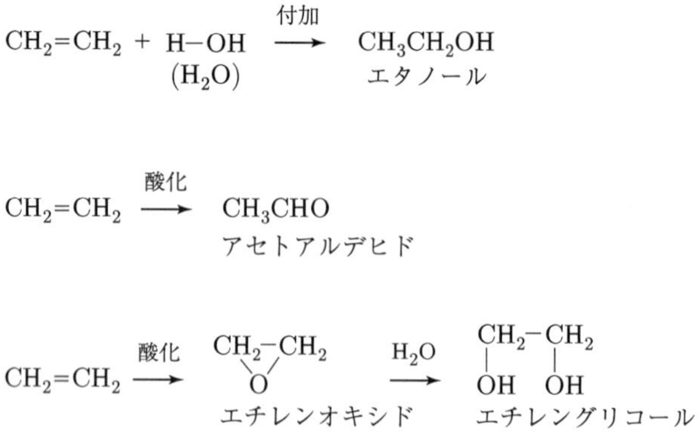

$$CH_2{=}CH_2 + \underset{(H_2O)}{H{-}OH} \xrightarrow{\text{付加}} \underset{\text{エタノール}}{CH_3CH_2OH}$$

$$CH_2{=}CH_2 \xrightarrow{\text{酸化}} \underset{\text{アセトアルデヒド}}{CH_3CHO}$$

$$CH_2{=}CH_2 \xrightarrow{\text{酸化}} \underset{\text{エチレンオキシド}}{CH_2{-}CH_2 \text{ (O架橋)}} \xrightarrow{H_2O} \underset{\text{エチレングリコール}}{CH_2(OH){-}CH_2(OH)}$$

図 **35:** アルケンの付加反応，酸化反応

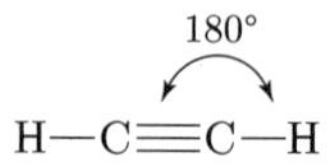

180°

H—C≡C—H

図 **36:** エチン (アセチレン) の直線型構造

$$HC{\equiv}CH \xrightarrow{H_2} CH_2{=}CH_2 \xrightarrow{H_2} CH_3CH_3$$

$$HC{\equiv}CH \xrightarrow{HCl} \underset{\text{塩化ビニル}}{CH_2{=}CHCl}$$

$$HC{\equiv}CH \xrightarrow{CH_3COOH} \underset{\text{酢酸ビニル}}{CH_2{=}CHOCOCH_3}$$

図 **37:** エチンへの付加反応

例題 4-2 炭素数が 4 個のアルカン，シクロアルカン，アルケン，アルキンの分子式を書け。

解答 炭素数を n として考える。

アルカンは，一般式 C_nH_{2n+2} である。よって，$n = 4$ では C_4H_{10} となる。

シクロアルカンは，一般式 C_nH_{2n} である。よって，$n = 4$ では C_4H_8 となる。

アルケンは，一般式 C_nH_{2n} である。よって，$n = 4$ では C_4H_8 となる。

アルキンは，一般式 C_nH_{2n-2} である。よって，$n = 4$ では C_4H_6 となる。

4-2-6　芳香族炭化水素の性質

炭化水素のうち，ベンゼン C_6H_6 のような環状構造をもつ分子を**芳香族炭化水素**という。そのため，芳香族炭化水素の 6 員環を**ベンゼン環**という。ベンゼン環を構成する炭素原子はすべて同一平面上にあり，ほぼ正六角形をつくる。ベンゼン環の炭素間結合の長さは，アルカンの単結合とアルケンの二重結合の中間ですべて等しい。これを **1.5 重結合**ともいう (図 38)。

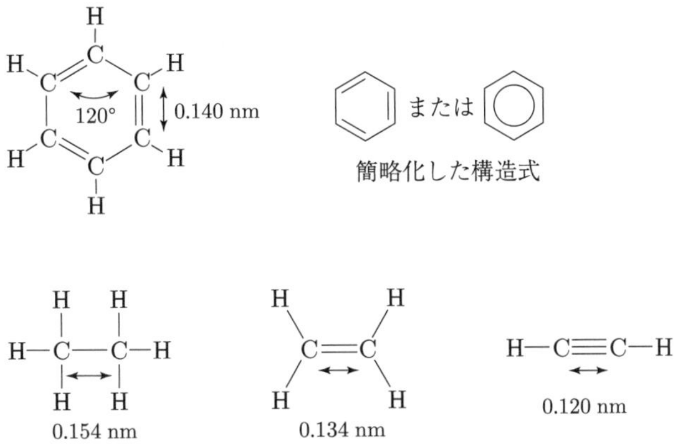

120°　0.140 nm

または

簡略化した構造式

H—C—C—H　0.154 nm

C=C　0.134 nm

H—C≡C—H　0.120 nm

図 38: ベンゼン環および炭素原子間結合長の比較

1.5 重結合でできた 6 員環構造は安定で，二重結合とは異なり単純な付加反応を受けにくい。むしろ，ベンゼン環の炭素原子に結合した水素原子が他の原子と置換する傾向がある (図 39)。

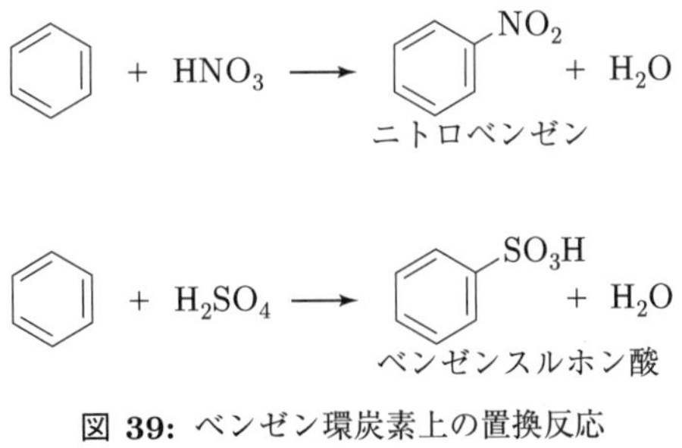

$$C_6H_6 + HNO_3 \longrightarrow C_6H_5NO_2 + H_2O$$

ニトロベンゼン

$$C_6H_6 + H_2SO_4 \longrightarrow C_6H_5SO_3H + H_2O$$

ベンゼンスルホン酸

図 39: ベンゼン環炭素上の置換反応

4-2-7　芳香族炭化水素の異性体

芳香族炭化水素の 6 員環に炭化水素基などの置換基が結合する場合，その結合位置の違いで異性体が生じる。ベンゼンに 2 つの置換基が結合する場合は，*o*-(オルト，ortho)，*m*-(メタ，meta)，*p*-(パラ，para) で区別し，ナフタレンに置換基が 1 つ結合した場合は，結合位置を番号で区別する (図 40)。

芳香族炭化水素はアルカンと同じように燃料として利用されるほか，トルエンは有機化合物を溶かす溶剤として，ナフタレンは防虫剤として利用されている。芳香族炭化水素は油としての性質 (親油性) が高く，水にはわずかしか溶けない。

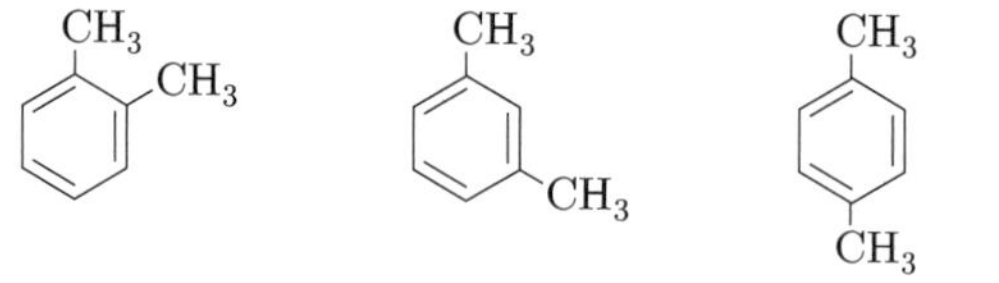

CH_3 CH_3 CH_3 CH_3 CH_3 CH_3

o−キシレン　*m*−キシレン　*p*−キシレン

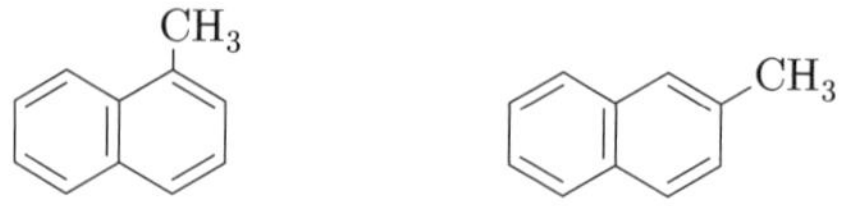

CH_3 CH_3

1−メチルナフタレン　2−メチルナフタレン

図 40: 芳香族炭化水素の異性体

4-2-8 混成軌道と分子の形

メタンは，1つの炭素原子が重心に位置し，その炭素原子と単結合している4つの等価な水素原子が頂点を占める正四面体構造であることが実験的にわかっている。炭素原子中で化学結合をつくる価電子が収納されている最外殻はL殻で，2s軌道と2p軌道に2つずつの合計4つの電子がある。原子中の2s軌道は方向性をもたないが，2p軌道は直交する x，y，z 軸方向に広がり，正四面体ではない。そこで，分子をつくっている炭素原子は，2s軌道と2p軌道を再編成して，単結合した4つの共有電子間の反発が最小になる正四面体の **sp^3 混成軌道**を構成しているとみなすことができる。メタン分子中の炭素原子の正四面体構造を基本にすると，その1つの水素を別のメチル基で置き換えるとエタン分子になるように，アルカン全体の構造や性質を説明できる (図41)。

エチレン分子 C_2H_4 の炭素原子Cでは，2s軌道と2つの2p軌道が混じり合い，新たな3つの軌道をつくる。この3つの軌道を，**sp^2 混成軌道**という。3つの sp^2 混成軌道は，2つの水素原子と1つの炭素原子との間に共有結合をつくる。これらの結合は，正

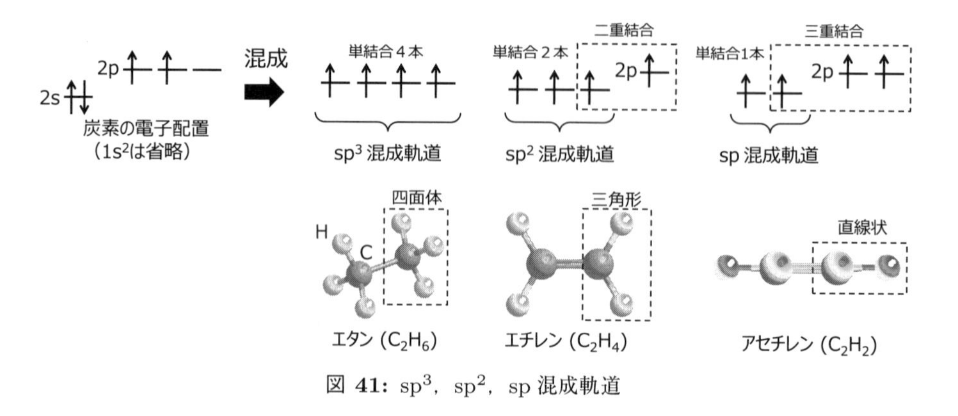

図 41: sp^3，sp^2，sp 混成軌道

三角形の頂点方向に伸び，エチレン分子は平面形の分子となる。また，混成に使われなかった炭素原子の 2p 軌道は，sp^2 混成軌道と直行する方向に伸びており，もう一方の炭素原子の 2p 軌道と横方向に重なり合うことで，炭素原子間の二重結合をつくる。

アセチレン分子 C_2H_2 の炭素原子 C では，2s 軌道と 1 つの 2p 軌道が混じり合い，新たな 2 つの軌道をつくる。この 2 つの軌道を，**sp 混成軌道**という。2 つの sp 混成軌道は，1 つの水素原子と 1 つの炭素原子との間に直線方向に共有結合をつくり，アセチレン分子は直線形の分子となる。混成に使われなかった炭素原子の 2 つの 2p 軌道は，sp 混成軌道と直行する方向に伸びており，炭素原子間の三重結合をつくる。

▮演習問題 4-2

4.5 次のアルカンの分子式と構造式を書け。

(1) メタン (2) エタン (3) プロパン (4) ブタン (5) ペンタン
(6) ヘキサン (7) ヘプタン (8) オクタン (9) ノナン (10) デカン

4.6 4.5 にあげた飽和炭化水素のうち，25°C，1 atm の条件で気体のものはどれか。

4.7 炭素数が 6 個のアルカン C_6H_{14} の異性体は 5 種類ある。それぞれの異性体の構造と名称を書け。

4.8 次のシクロアルカンの分子式と構造式を書け。

(1) シクロプロパン (2) シクロブタン (3) シクロペンタン (4) シクロヘキサン

4.9 現代の高性能火薬には，分子内にシクロプロパンやシクロブタンと同じ環構造をもつ化合物が多い。その理由を説明せよ。

4.10 メタン (天然ガス)，プロパン，ブタン (石油ガス)，オクタン (ガソリン)，デカン (灯油) のそれぞれが完全燃焼するときの化学反応式を書け。

4.11 家庭用の灯油は沸点が 170〜250°C のアルカンを利用している。沸点がそれより低いガソリンを家庭の暖房，照明に用いないのはなぜか説明せよ。

4.12 次のアルケンの分子式と構造式を書け。

(1) エテン (エチレン) (2) プロペン (3) 1-ブテン (4) トランス-2-ブテン
(5) シス-2-ブテン (6) 1,3-ブタジエン (7) 2-メチル-1,3-ブタジエン

4.13 炭素数が 4 個の炭化水素 C_4H_8 の異性体はアルケンとシクロアルカンを合わせて 6 種類ある。それぞれの異性体の構造と名称を書け。

4.14 プロペン (C_3H_6) とプロピン (C_3H_4) のうち，次のそれぞれにあてはまるのはどちらであるかを答えよ。

(1) 分子内の 4 つの原子が直線上にあるもの。 (2) 三重結合をもつもの。
(3) 分子内の 6 つの原子が同一平面上にあるもの。 (4) 二重結合をもつもの。

4.15　次のアルキンの分子式と構造式を書け。

(1) エチン (アセチレン)　(2) プロピン　(3) 1-ブチン　(4) 2-ブチン

(5) 1,3-ブタジイン

4.16　次の (1)〜(4) のうち，芳香族炭化水素の誤っている説明はどれか。

(1)　炭素原子が 6 個環状につながった構造をもっている。

(2)　環状の炭素原子は同一平面上にある。

(3)　環を構成する結合はすべて同じような性質であり，1.5 重結合といえる。

(4)　炭素原子が 6 個の環が複数つながった化合物は，芳香族炭化水素に含まれない。

4.17　次の芳香族炭化水素の名称を答えよ。

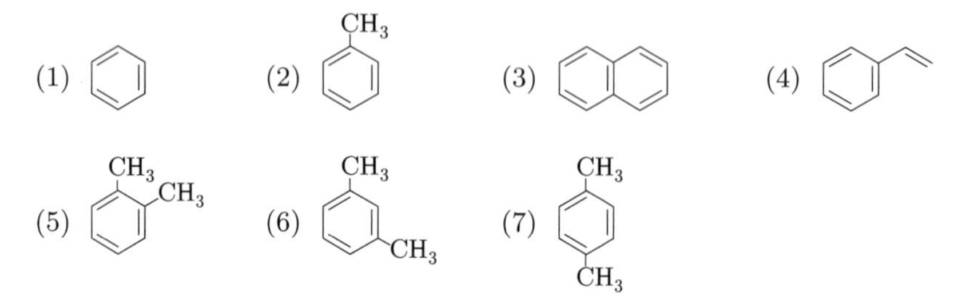

4.18　次の構造式をみて，芳香族炭化水素とそうでない炭化水素に分類せよ。

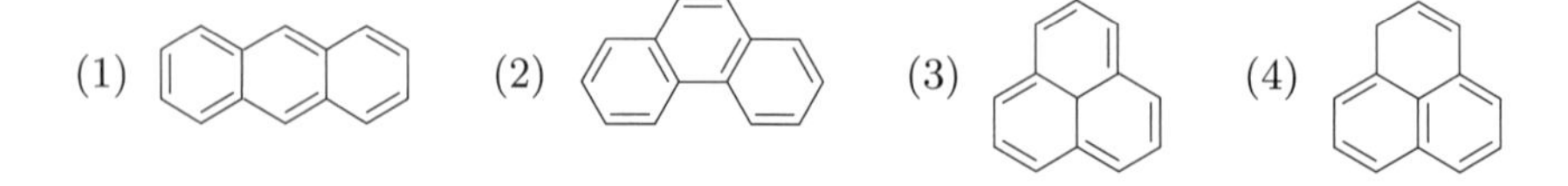

4-3 アルコール・エーテル

4-3-1 アルコール・エーテル

炭化水素の水素原子をヒドロキシ基 OH で置換した構造の化合物をアルコールという。ヒドロキシ基の結合している炭素原子に，他の炭化水素基が 1 つ結合しているアルコールを**第 1 級アルコール**，2 つのアルコールを**第 2 級アルコール**，3 つのアルコールを**第 3 級アルコール**という。また，アルコールのヒドロキシ基 OH の水素原子を炭化水素基で置換した構造の化合物をエーテルという (表 31)。酸素原子に結合する原子が水素か炭素かによってアルコールとエーテルの性質は大きく異なる。

表 31: アルコールとエーテル

名称	示性式	沸点 (°C)	名称	示性式	沸点 (°C)
メタノール (methanol)	CH_3OH	65	ジメチルエーテル (dimethyl ether)	CH_3OCH_3	−25
エタノール (ethanol)	CH_3CH_2OH	78	エチルメチルエーテル (ethyl methyl ether)	$CH_3CH_2OCH_3$	7
1-プロパノール (1-propanol)	$CH_3CH_2CH_2OH$	97	ジエチルエーテル (diethyl ether)	$CH_3CH_2OCH_2CH_3$	34
1-ブタノール (1-butanol)	$CH_3CH_2CH_2CH_2OH$	117			

4-3-2 アルコールの性質

アルコールのヒドロキシ基は分子間で互いに水素結合でき，蒸気圧が低下する。そのため，同程度の分子量をもつアルカンと比較して沸点が高く，炭素数が 1 個のアルコール (メタノール) でも液体である。また，ヒドロキシ基は水分子との間でも水素結合できるので，炭素数が 3 個までのアルコールは水と自由に混合できる。しかし，炭素数が 4 個以上のアルコールは炭化水素基部分の油としての性質 (親油性) が支配的になり，水にわずかしか溶けなくなる。

アルコールは，炭化水素に酸素原子を追加した分子式をもつ。炭化水素の燃焼は，十分な酸素と炭素原子や水素原子が結合する酸化反応であり，アルコールは炭化水素のごく一部が燃焼 (酸化) した分子ともみなせる。したがって，アルコールは炭化水素よりも完全燃焼しやすく，不完全燃焼による黄色い炎を生じにくい。

4-3-3　アルコールの反応

アルコールは過マンガン酸カリウムやクロム酸カリウムなどの酸化剤によって酸化される。酸化生成物はアルコールの構造によって異なり，**第1級アルコール**はアルデヒドを経てカルボン酸に変化する。**第2級アルコール**はケトンになり，それ以上は酸化されない。**第3級アルコール**はこれらの酸化剤では酸化されにくい。

アルコールを濃硫酸を触媒として加熱すると，反応温度によって異なる生成物となる。エタノールの場合，130°C 程度の反応温度では，2分子のアルコールから1分子の水分子が取り除かれてジエチルエーテルを生じる。一方，170°C 程度の温度まで加熱すると，1分子のアルコールから1分子の水が脱離してエテン (エチレン) を生じる。

4-3-4　フェノール

ベンゼン環の水素原子をヒドロキシ基 OH で置換した構造の化合物をフェノールという (表32)。

フェノールの性質は，炭素数が多いアルコールと共通なものが多い。しかし，アルコールとは異なり，フェノールのヒドロキシ基の水素原子は電離しやすく，フェノールは弱酸性を示す。そのため，ベンゼン環をもつにもかかわらず，フェノールは水酸化ナトリウムなどの強塩基と中和して塩をつくり水に溶ける。

また，フェノールの誘導体には殺菌などの生理作用をもつクレゾールなどがあり，医薬品に利用される場合もある。フェノール性のヒドロキシ基を分子内に複数もつ化合物をポリフェノールといい，これは広範囲の植物がもつ赤色～紫色の色素中に存在する。

表 32: フェノール

フェノール (phenol)	1–ナフトール (1–naphthol)	*p*–クレゾール (*p*–cresol)
OH	OH	OH CH_3

4-3-5　エーテル

エーテルはアルコールの異性体である。しかし，ヒドロキシ基をもたないので隣の分子と水素結合を形成しないので，炭素数が同じアルコールよりも沸点が低い。また，2つの親油性炭化水素基が酸素原子に結合した分子なので水に溶けにくく，むしろ油脂とよく混合する。この性質により，エーテルは有機化合物の抽出溶媒としてよく利用される。

■演習問題 4-3

4.19 炭素数が 3 個までのアルコールは，水と完全に (どのような比率でも) 混合するが，炭素数が 4 個以上のアルコールは水と一部が混合するだけで，2 相に分離する。その理由を説明せよ。

4.20 炭素数が 4 個のアルコール C_4H_9OH の異性体をすべて書き，それぞれを命名せよ。

4.21 エタノールを少量の硫酸とともに加熱すると，反応温度によって 2 種の異なる化合物が生じる。それぞれの化合物の化学式と，それが生じる際の化学反応式を書け。

4.22 自動車レース「インディカーシリーズ」では，アルコール燃料を使用している (主成分が 2005 年まではメタノール，2006 年からはエタノール)。アルコール燃料の特徴を次にあげる。これらの特徴はガソリンと比べて有利か不利かを説明せよ。さらに，「インディカーシリーズ」で使用するアルコール燃料が，メタノールからエタノールに変更になった理由を考えよ。

(1) ガソリンより飽和蒸気圧が低い (沸点が高い)。
(2) ガソリンより引火点が高い。
(3) ガソリンより単位重量あたりの発生熱量が小さい。
(4) 分子内に酸素を含むので完全燃焼しやすい。
(5) 分子内にヒドロキシ基をもつので水とよく混ざる。
(6) トウモロコシ，廃糖蜜，稲ワラなどのバイオマスから生産できる。

4-4　アルデヒド・ケトン・カルボン酸

4-4-1　アルデヒド・ケトン・カルボン酸

アルデヒド，ケトン，カルボン酸はすべて酸素原子を含む有機化合物で，同じく酸素原子を含むアルコールの酸化で得られる。酸化の際には，もとのアルコールの炭素原子数や結合順序が変わらない。

第 **1** 級アルコールであるエタノールの酸化では，まずアルデヒドのエタナール (アセトアルデヒド) が生成し，アルデヒドがさらに酸化されると，カルボン酸のエタン酸 (酢酸) に変化する。

第 **2** 級アルコールの 2-プロパノール (イソプロピルアルコール)[98] を酸化すると，ケトンの 2-プロパノン (アセトン) が生じる。ケトンは酸化されにくいが，さらに酸化すると分解する。

第 **3** 級アルコールは酸化されにくく，無理にこれを酸化すると分解する (図 42)。

```
   H H       酸化       H         酸化       H
   | |                  |                    |
 H-C-C-O-H  ──→      H-C-C-H     ──→     H-C-C-O-H
   | |                  | ‖                  | ‖
   H H                  H O                  H O
 エタノール           エタナール            エタン酸
                  (アセトアルデヒド)        (酢酸)

   H H H     酸化       H   H
   | | |                |   |
 H-C-C-C-H  ──→      H-C-C-C-H
   | | |                | ‖ |
   H O H                H O H
     |               2-プロパノン
     H
 2-プロパノール

      H
      |
    H-C-H      酸化
   H  |  H
   |  |  |    ──→    × (酸化されにくい)
 H-C--C--C-H
   |  |  |
   H  O  H
      |
      H
 2-メチル-2-プロパノール
```

図 **42:** アルコールの酸化反応

アルコールの酸化は，生体での代謝や発酵，腐敗でも生じている。人間がエタノールを肝臓で代謝することと，酢酸菌が漬物に風味をつけていることとは，有機化学的な本質には大差ないといえる。水質汚染の代表的な指標として，生物化学的酸素要求量 (BOD) と化学的酸素要求量 (COD) がある。BOD は好気性細菌が水中にある一部の有機物質を酸化分解する反応を利用し，また COD は $K_2Cr_2O_7$ によってほぼすべての有機物質や無機物質まで酸化分解する反応を利用する違いはあるものの，いずれも有機物質の酸化反応を利用している。

4-4-2 アルデヒド

アルデヒド基には極性のあるカルボニル基が含まれている。しかし，ヒドロキシ基をもたないのでアルデヒド分子間の水素結合はできない。そのため，アルデヒドは同じ炭素数の第 1 級アルコールより沸点が低い。一方，アルデヒド基の酸素原子と水分子の間では水素結合ができるので，炭素数が少ないアルデヒドは水によく溶ける。

アルデヒドがさらに酸化されるとカルボン酸になり，またアルデヒドが還元されると第 1 級アルコールになる。アルデヒド自身が酸化されてカルボン酸に変化する際，他の化合物を還元できる。したがって，アルデヒドには還元剤の作用がある。アルデヒドの還元作用を利用して，銀イオンを還元してガラスに銀メッキすることができる。この反応は**銀鏡反応**といい，実際に鏡の製造に利用されていた (図 43)。

$$CH_3CHO + 2[Ag(NH_3)_2]^+ + 2OH^- \longrightarrow CH_3COOH + 2Ag + 4NH_3 + H_2O$$

図 **43:** 銀鏡反応

ベンゼン環にアルデヒド基が結合した**芳香族アルデヒド**には，特有の香りをもつものが多い。シナモンおよびバニラの芳香は，それぞれケイ皮アルデヒドとバニリンという植物由来の芳香族アルデヒドがもとになっている。

4-4-3 ケトン

第 2 級アルコールを酸化するとケトンが得られる。ケトンの沸点や水への溶解性は，同じ炭素数のアルデヒドに似ている。炭素数が 3 個の最も単純なケトンがアセトンである。極性化合物と非極性化合物のどちらもよく溶かす液体なので，溶剤や洗浄剤に用いられる。

4-4-4 カルボン酸

カルボン酸はカルボキシ基をもつ。カルボキシ基が電離して水素イオンを生じるので，カルボン酸は弱酸性である (図 44)。

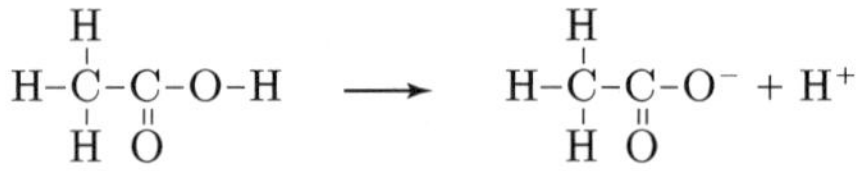

$$\mathrm{H{-}\underset{H}{\overset{H}{C}}{-}\underset{O}{\overset{\|}{C}}{-}O{-}H \longrightarrow H{-}\underset{H}{\overset{H}{C}}{-}\underset{O}{\overset{\|}{C}}{-}O^- + H^+}$$

図 **44:** カルボン酸の電離

代表的なカルボン酸には，食酢に含まれる酢酸，カルボキシ基とヒドロキシ基を分子内にもつ乳酸，酒石酸，クエン酸，芳香族カルボン酸の安息香酸，テレフタル酸，サリチル酸などがある。

4-4-5　エステル

カルボン酸のカルボキシ基とアルコールのヒドロキシ基の間で脱水縮合するとエステルを生じる (図 45)。エステルは分子内の炭化水素基の比率が多く，水に溶けにくい。

$$\mathrm{H{-}\underset{H}{\overset{H}{C}}{-}\underset{O}{\overset{\|}{C}}{-}O{-}H + H{-}\underset{H}{\overset{H}{C}}{-}\underset{H}{\overset{H}{C}}{-}O{-}H \rightleftarrows H{-}\underset{H}{\overset{H}{C}}{-}\underset{O}{\overset{\|}{C}}{-}O{-}\underset{H}{\overset{H}{C}}{-}\underset{H}{\overset{H}{C}}{-}H + H_2O}$$

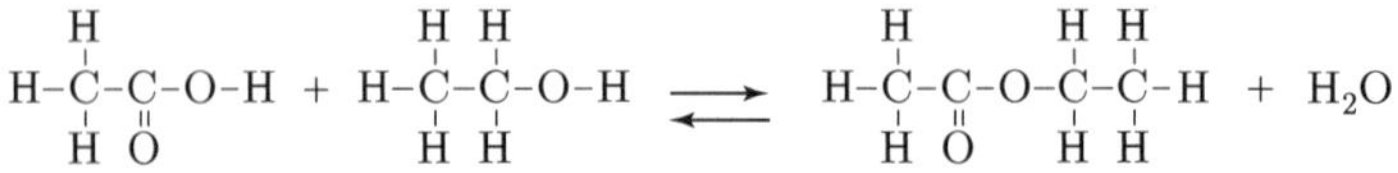

エタン酸（酢酸）　エタノール　エタン酸エチル（酢酸エチル）

図 **45:** エステルの生成反応

エステルが生じる反応は可逆反応である。生成するエステルあるいは水を取り除くと，平衡移動により効率よくエステルが合成できる [99)]。一方，エステルを加水分解するとカルボン酸とアルコールになる。アルカリ水溶液を用いるエステルの加水分解ではカルボン酸のナトリウム塩が生成する。この反応をケン化という (図 46)。

$$\mathrm{CH_3COOCH_2CH_3 + NaOH \xrightarrow{\text{ケン化}} CH_3COONa + CH_3CH_2OH}$$

図 **46:** エステルのケン化反応

炭素数が少ないカルボン酸のエステルは，果実の香りの成分である。また，炭素数が多く水に溶けにくい高級脂肪酸とグリセリンのエステルが油脂であり食用になる。油脂を水酸化ナトリウムでケン化して得られる高級脂肪酸のナトリウム塩がセッケンである。

サリチル酸から得られる 2 種のエステルは，サリチル酸メチル，アセチルサリチル酸 (アスピリン) で，それぞれ外用の鎮痛消炎剤，内服用の鎮痛解熱剤である。

例題 4-3　炭素数が 3 個のアルコール，カルボン酸，エーテル，エステル，アルデヒドの示性式を書け。ただし，炭素原子間の多重結合や環状構造を考えないものとする。

解答　示性式は，官能基がわかるように表す。

アルコールは，ヒドロキシ基 (OH) をもつ化合物である。

よって，C_3H_7OH と $CH_3CH(CH_3)OH$ となる。

カルボン酸は，カルボキシ基 (COOH) をもつ化合物である。

カルボキシ基には，1つの炭素原子が含まれているため，C_2H_5COOH となる。

エーテルは，エーテル結合 (-O-) をもつ化合物である。よって，$CH_3OC_2H_5$ となる。

エステルは，エステル結合 (-COO-) をもつ化合物である。

エステル結合には，1つの炭素原子が含まれているため，CH_3COOCH_3 と $HCOOC_2H_5$ となる。

アルデヒドは，ホルミル基 (CHO) をもつ化合物である。

ホルミル基には，1つの炭素原子が含まれているため，C_2H_5CHO となる。

例題 4-4 示性式が C_3H_7OH のアルコールに考えられる異性体の構造式をすべて書け。ただし，異性体はすべてアルコールとする。

解答 アルコール C_3H_7OH は，多重結合や環状構造をもたない。

(OH を H に置き換えて考えるとわかりやすい)

したがって，3つの炭素原子が C-C-C-OH と直列した 1-プロパノールと，炭素原子が2つずつ直列して枝分かれ C-C(-C)-OH した 2-プロパノールが考えられる。

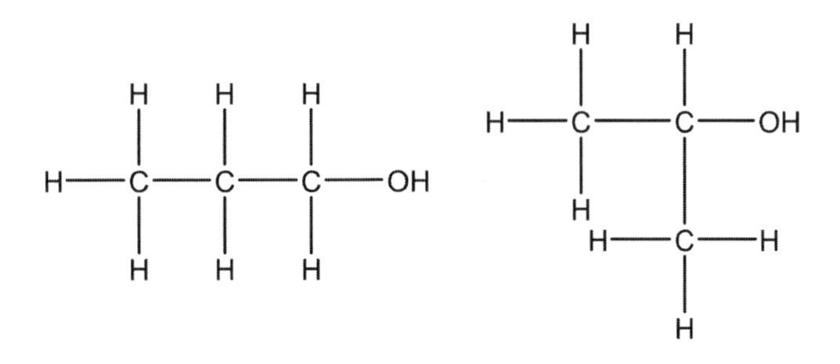

▮演習問題 4-4

4.23 次のアルデヒドおよびケトンの示性式を書け。

(1) メタナール (2) アセトアルデヒド (3) プロパナール

(4) ベンズアルデヒド (5) ケイ皮アルデヒド (6) バニリン

(7) エチルメチルケトン (8) アセトン

4.24 次のカルボン酸の示性式を書け。

(1) メタン酸 (ギ酸) (2) エタン酸 (酢酸) (3) プロパン酸 (プロピオン酸)

(4) ブタン酸 (酪酸) (5) 乳酸 (6) 酒石酸 (7) クエン酸

(8) 安息香酸 (9) テレフタル酸 (10) サリチル酸

4.25 次のエステルの示性式を書け。

(1) 酢酸ペンチル (2) 酢酸エチル (3) 酢酸ビニル (酢酸エテニル)

(4) 酪酸エチル (5) サリチル酸メチル (6) アセチルサリチル酸

▌注釈

98)　イソプロパノールという 2-プロパノールとイソプロピルアルコールが混在する誤った名称が流布している。IUPAC の命名法では，アルコールは母体となる炭化水素の語尾を「〜オール」に変えて命名するから，イソプロパノールには「イソプロパン」という炭化水素が母体として存在しなければならない。イソプロパンという化合物は存在しないからイソプロパノールという名称の化合物も存在しない。

99)　一般に，エステルはその成分であるカルボン酸より沸点が低い。したがって，エステルを合成する際には過剰のアルコールを溶媒に用い，生成するエステルを加熱によって蒸発させながら反応させるのが一般的である。

4-5　有機ヘテロ原子化合物

4-5-1　窒素・硫黄・ハロゲンなどの原子を含む有機化合物

炭素，水素，酸素のほか，窒素，硫黄，ハロゲンなどの原子を分子内に含む有機化合物がある。その他にも 14〜17 族の典型元素を含む有機化合物群があり，それらはしばしば有機ヘテロ原子化合物とよばれる。

生体にとって重要な分子のうち，タンパク質とその基本分子であるアミノ酸や遺伝情報をもつ核酸などは窒素原子や硫黄原子を含む有機化合物である。また，ハロゲン原子を含む有機化合物には，人間生活に深くかかわっているものが多い。

4-5-2　ア ミ ン

アンモニアの水素原子を炭化水素基で置き換えた分子をアミンという。炭化水素基が 1 つのアミンを**第 1 級アミン**，2 つのアミンを**第 2 級アミン**，3 つのアミンを**第 3 級アミン**という。アミンの窒素原子は非共有電子対をもっているので，アンモニアと同じくアミンは弱塩基性を示し，酸と反応して水素イオンが付加したアンモニウムイオンになる。また，4 つの炭化水素基が窒素原子に結合した**第 4 級アンモニウムイオン**は，界面活性剤や陰イオン交換樹脂に利用されている (図 47)。

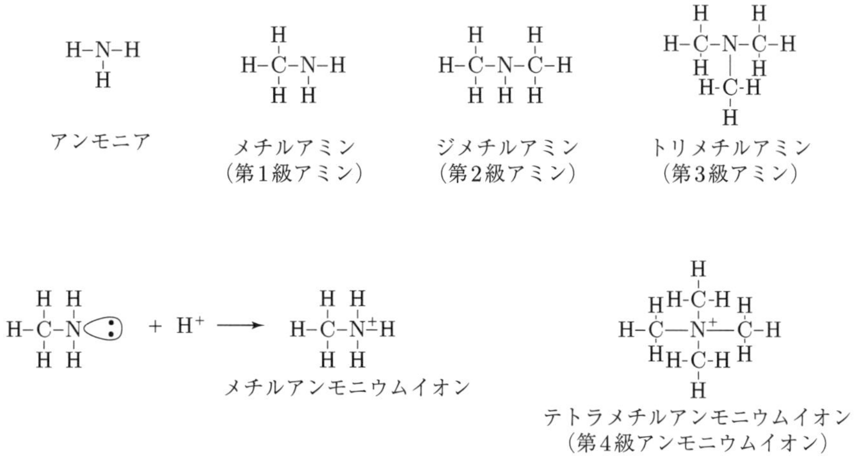

アンモニア　　メチルアミン（第1級アミン）　　ジメチルアミン（第2級アミン）　　トリメチルアミン（第3級アミン）

$CH_3NH_2 + H^+ \longrightarrow CH_3NH_3^+$

メチルアンモニウムイオン

テトラメチルアンモニウムイオン（第4級アンモニウムイオン）

図 47: アミンとアンモニウムイオン

タンパク質の構成単位である**α**-アミノ酸は，1つの炭素原子にアミノ基とカルボキシ基が結合した構造をもつ。アニリンはベンゼン環にアミノ基が結合している。一方，ピリジンは6員環構造中に窒素原子を含むアミンである。核酸に含まれる核酸塩基も環構造内に窒素原子を含んでいる (図48)。

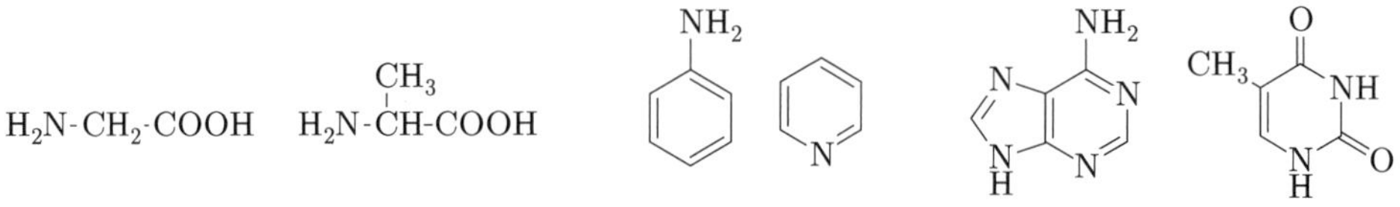

H_2N-CH_2-COOH　H_2N-CH(CH_3)-COOH

グリシン　アラニン
(α-アミノ酸の例)

アニリン　ピリジン　アデニン　チミン
(核酸塩基の例)

図 **48:** いろいろなアミン

4-5-3 アミド

アミンのアミノ基とカルボン酸のカルボキシ基の間で脱水縮合するとアミドを生じる (図49)。アミド結合のN-HとC=Oは分子間で強い水素結合をつくるので，アミドには融点が比較的高い固体が多い。

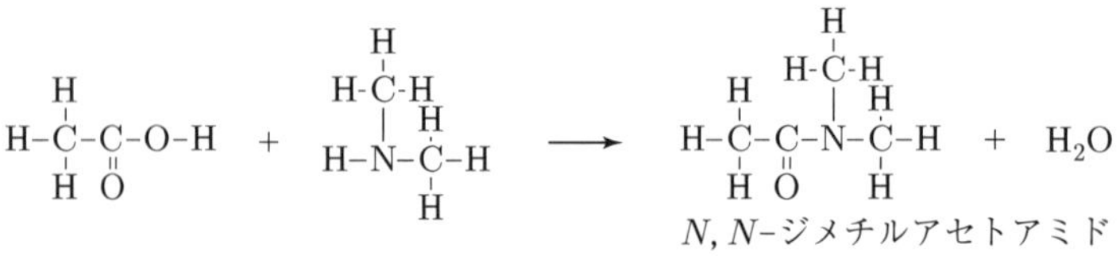

$$CH_3COOH + (CH_3)_2NH \longrightarrow CH_3CON(CH_3)_2 + H_2O$$

N, *N*-ジメチルアセトアミド

図 **49:** アミドの生成反応

芳香族アミンから合成されるアミド，アセトアニリドには鎮痛解熱作用がある。アセトアニリドには強い副作用があるので，現在では類似の構造のアセトアミノフェンが鎮痛解熱剤として利用されている (図50)。

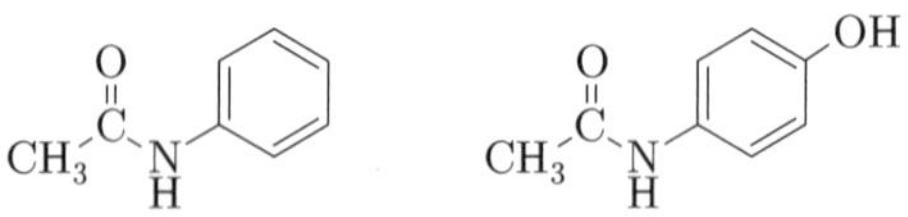

アセトアニリド　アセトアミノフェン

図 **50:** 医薬品に利用されるアミド

4-5-4 硫黄を含む有機化合物

タンパク質の多くには，硫黄原子を含む官能基SHをもつシステインが含まれている。タンパク質中にある2つのSHから水素原子が失われるとジスルフィド結合S-Sをつくる。ジスルフィド結合にはタンパク質分子の立体的な構造を維持する働きがある。

硫黄原子を含む有機化合物には，サルファ剤やペニシリンなど，医薬品として利用されているものがある。

原油には，硫黄原子を含むチオフェンなどの芳香族化合物が含まれている。これらの化合物を除去しないで燃焼させると酸性雨の原因物質である二酸化硫黄が大気中に放出されるので，今日の日本では原油と排気ガスの脱硫工程でほぼ完全に硫黄分を取り除いている。回収された硫黄は，硫酸や化学製品の原料に利用されている[100]。

4-5-5　ハロゲン化炭化水素

炭化水素の水素をハロゲン (F, Cl, Br, I) で置換した構造をもつ化合物をハロゲン化炭化水素という。

フッ素原子を含むフロン類[101]，塩素原子を含むジクロロメタン，クロロホルムなど，炭素数が少ないハロゲン化炭化水素は，難燃性で安定な液体であり，油分をよく溶かすので，溶剤，洗浄剤に用いられるほか，消火剤にも利用される[102]。

例題 4-5　炭素数が 3 個のアミンに考えられる異性体の構造式をすべて書け。ただし，多重結合や環状構造を考えないものとする。

解答　アミンは，アミノ基 (NH_2) をもつ化合物である。3 つの炭素原子の並び方は 1 種類で，どの炭素原子にアミノ基が結合しているかを考えればよい。3 つの炭素原子が直列した 1-プロピルアミンと，炭素原子が 2 つずつ直列して枝分かれした 2-プロピルアミンが考えられる。

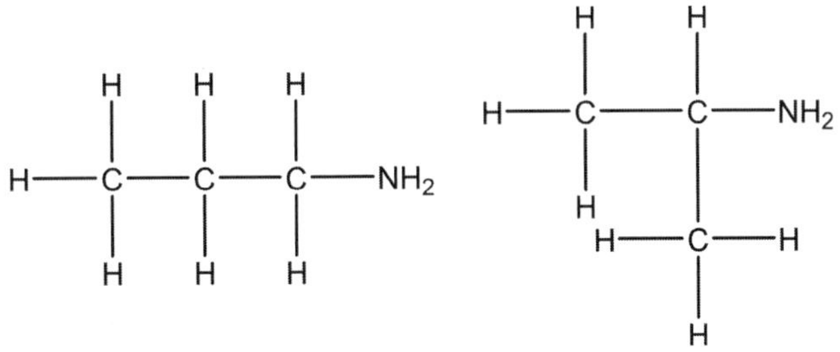

■演習問題 4-5

4.26　アミンが塩基性を示すのはなぜか説明せよ。

4.27　次の化合物の構造式を書け。

(1) メチルアミン　(2) エチルアミン　(3) プロピルアミン　(4) ジメチルアミン
(5) トリメチルアミン　(6) テトラメチルアンモニウムイオン

4.28　次の化合物の構造式を書け。

(1) アセトアミド　(2) N,N-ジメチルアセトアミド　(3) アセトアニリド
(4) アセトアミノフェン

4.29　次の化合物の構造式を書け。

(1) フルオロメタン　(2) ジクロロメタン　(3) トリクロロメタン(クロロホルム)
(4) テトラヨードメタン　(5) 1,2-ジブロモエタン
(6) ジクロロジフルオロメタン(フロン12)

■注釈

100) 温泉地で土産物に売られている「湯の花」は，以前は日本国内で生産できる貴重な硫黄資源であった。しかし，今日では石油精製の脱硫工程で回収される硫黄が安価に入手できるので，「湯の花」には工業原料としての意味はなくなってしまった。

101) フロン類には沸点が低くて蒸発しやすい化合物が多く，いったん大気中に放出されると回収が困難である。大気中に放出された一部のフロン類が成層圏のオゾン層破壊の原因となっている。

102) ハロゲン化炭化水素は水に溶けにくく油分とよく混じるため，生体に取り込まれると脂肪に蓄積しやすい。そのため，ダイオキシン類，PCB類，DDTなどの塩素原子を含む有機化合物が，生物に有害な作用を及ぼすことが知られている。

4-6 高分子化合物の構造と性質

4-6-1 高分子化合物の分類

分子量が大きい (数千以上)，分子性の化合物で，構造に一定の繰り返し単位がある化合物を**高分子化合物**または単に**高分子**という[103]。繰り返し単位を**単量体**といい，単量体が結合した高分子化合物を**重合体**という。高分子化合物は，私たちの生命と生活の両面で重要な化合物である。

高分子化合物は，その合成法，性質，用途などから表 33 のように分類されている。**有機高分子**は炭素原子からなる骨格を主とする高分子であり，**無機高分子**は炭素以外の原子からなる骨格を主としている。

表 33: 高分子化合物の分類

合成法	性質・用途	具体例
天然高分子	有機高分子	デンプン，セルロース，天然ゴム，タンパク質，核酸
	無機高分子	グラファイト，石英，アスベスト
半合成高分子		セルロイド (ニトロセルロース)， アセテートレーヨン (アセチルセルロース)
合成高分子	熱硬化性樹脂	フェノール樹脂，ユリア (尿素) 樹脂，メラミン樹脂
	熱可塑性樹脂	ポリ塩化ビニル，ポリスチレン，ポリエチレン
	合成繊維	ナイロン，ポリエステル，ポリアクリロニトリル
	合成ゴム	イソプレンゴム，クロロプレンゴム，スチレン-ブタジエンゴム
	無機合成高分子	シリコーン

4-6-2 天然の有機高分子化合物

天然の有機高分子化合物は，生物によってつくられるものが多い。

デンプンやセルロースは，単糖類のグルコースが縮合重合した**天然有機高分子**である。デンプンは植物が光合成の働きで自らの内部に貯蔵する栄養分であり，動物にとっては食物連鎖の最初のカロリー源といえる。一方，セルロースは植物の体を構成する高分子である。セルロース自体が繊維 (綿，麻など) として利用できるほか，セルロースを化学的に処理することで，半合成高分子であるニトロセルロース (セルロイド)，レーヨンなどがつくられる。

タンパク質は多数の α-アミノ酸が縮合重合してアミド結合した高分子である。タンパク質に含まれるアミド結合を特に**ペプチド結合**という。タンパク質分子をつくる α-アミノ酸の種類とその結合する順序はタンパク質ごとに決まっていて，そのタンパク質特有の機能のもとになっている。

核酸は，リン酸，糖，核酸塩基の 3 成分が結合したヌクレオチドを単量体とする高分子である (図 51)。核酸には，ヌクレオチドに含まれる糖の種類によって，デオキシリボースを含む DNA とリボースを含む RNA に分類される。DNA は遺伝子を構成する高分子であり，2 本の DNA 分子の核酸塩基部分が対になって**二重らせん構造**をつくる。DNA 分子内の核酸の種類とその結合順序は，生物の遺伝情報の本体である。

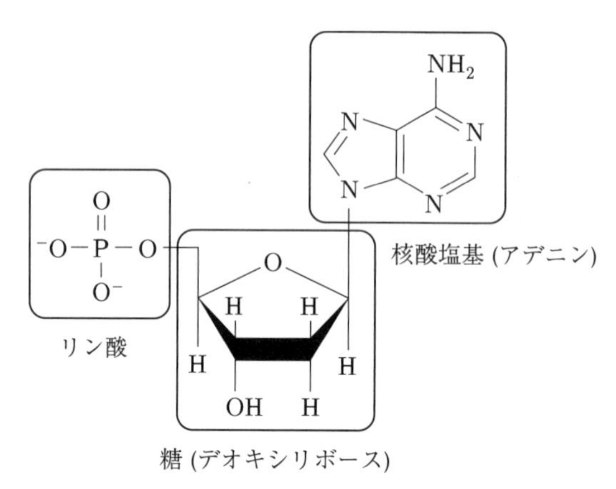

図 **51:** DNA のヌクレオチドの構造

4-6-3　付加重合と縮合重合

付加重合とは，炭素原子間の二重結合，三重結合を分子内にもつ単量体が，分子間で付加反応しながら重合することである (図 52)。単量体の二重結合部分は，付加重合によって高分子では単結合になる。付加重合を利用して，生活に身近なポリエチレンやポリプロピレンなどの多くの種類の高分子が合成されている (図 53)。

$$n\,\mathrm{CH_2{=}\underset{\displaystyle R}{\underset{|}{CH}}} \longrightarrow \left(\mathrm{CH_2{-}\underset{\displaystyle R}{\underset{|}{CH}}}\right)_n \qquad (n\text{は重合度を示す})$$

図 **52:** 付加重合

一方，**縮合重合**とは，単量体の分子間から水などの単純な分子が脱離しながら重合することである (図 54)。ポリエステルやポリアミドなどの高分子が合成されている。天然高分子のデンプン，セルロース，タンパク質，核酸なども，それぞれの単量体が縮合重合した構造をもっている。また，環状の単量体は環構造を開きながら重合することがあり，これを**開環重合**という。

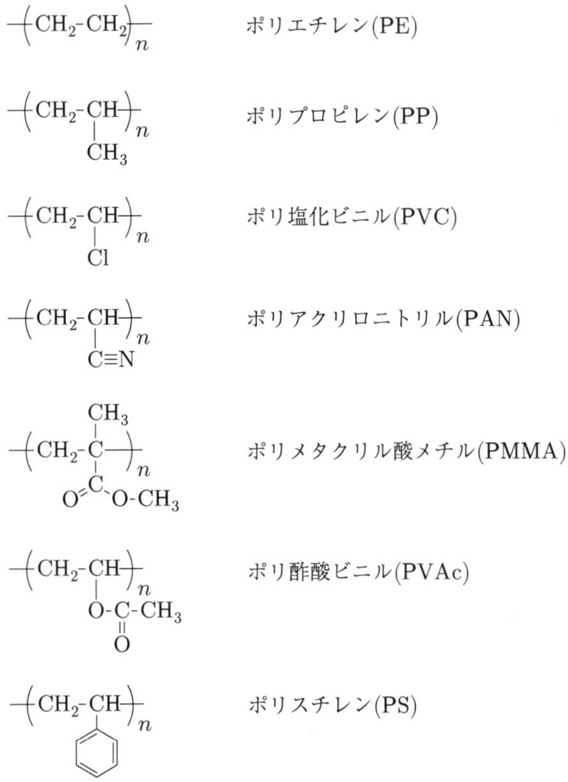

$\left(CH_2\text{-}CH_2\right)_n$　ポリエチレン(PE)

$\left(CH_2\text{-}CH(CH_3)\right)_n$　ポリプロピレン(PP)

$\left(CH_2\text{-}CH(Cl)\right)_n$　ポリ塩化ビニル(PVC)

$\left(CH_2\text{-}CH(C{\equiv}N)\right)_n$　ポリアクリロニトリル(PAN)

$\left(CH_2\text{-}C(CH_3)(COOCH_3)\right)_n$　ポリメタクリル酸メチル(PMMA)

$\left(CH_2\text{-}CH(O\text{-}CO\text{-}CH_3)\right)_n$　ポリ酢酸ビニル(PVAc)

$\left(CH_2\text{-}CH(C_6H_5)\right)_n$　ポリスチレン(PS)

図 **53:** 付加重合で合成される高分子と略号の例

$$n\,HOOC\text{-}C_6H_4\text{-}COOH + n\,HO\text{-}CH_2CH_2\text{-}OH \longrightarrow \left(CO\text{-}C_6H_4\text{-}CO\text{-}O\text{-}CH_2CH_2\text{-}O\right)_n + 2nH_2O$$

図 **54:** 縮合重合

4-6-4　平均重合度と平均分子量

重合度は，高分子１分子を構成する繰り返し構造の数である。しかし，多数の分子からなる合成高分子の重合度と分子量は正規分布しているため，**平均重合度**と**平均分子量**という平均値で表す。

すなわち，以下のような式が成り立つ。

$$(\text{高分子の平均分子量}) = (\text{繰り返し構造の分子量}) \times (\text{平均重合度})$$

例題 4-6　次の問いに答えよ。

(1)　エチレンからポリエチレンができる化学反応式を書け。

(2)　ポリエチレンの繰り返し構造の分子量 (に相当する値) を求めよ。ただし，整数で答えよ。

(3)　ポリエチレンの平均分子量が 3.0×10^6 のとき，(2) の値を用いて平均重合度を求めよ。

解答　(1)　エチレンは，炭素原子間に二重結合をもつ分子である。この種類の構造をもつ分子は，付加重合して高分子を生成しやすい。

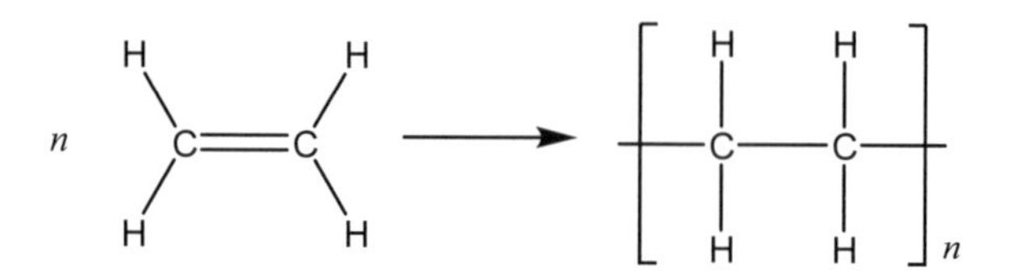

(2)　(1) の化学反応式から，ポリエチレンの [　] の中身 (繰り返し構造) の分子量はエチレンと同じである。したがって，

$$(\text{繰り返し構造の分子量}) = \mathrm{C} \times 2 + \mathrm{H} \times 4 = 12.01 \times 2 + 1.008 \times 4 = 28.052$$

整数で答えるので，繰り返し構造の分子量は 28 である。

(3)　(平均分子量) = (繰り返し構造の分子量) × (平均重合度) だから，

$$3.0 \times 10^6 = 28 \times (\text{平均重合度})$$

よって，(平均重合度) $= 3.0 \times 10^6 \div 28 = 1.1 \times 10^5$ である。

演習問題 4-6

4.30　次の (1)〜(5) のうち，高分子化合物の説明はどれか。

(1)　分子量が数百程度の有機化合物。

(2)　分子量が千以上で，繰り返し構造のない有機化合物 (海洋性毒物のシガトキシンなど)。

(3)　分子量が千以上で，繰り返し構造がある有機化合物。

(4)　数千個以上の原子が金属結合で結合した金属結晶。

(5)　数千個以上のケイ素原子と酸素原子が交互に結合した二酸化ケイ素の結晶 (石英)。

4.31　付加重合で合成したポリプロピレンの平均分子量が 88000 であった。このポリプロピレンの平均重合度を有効数字 2 桁で求めよ。

4.32　2 種類の高分子化合物，ケブラーとノーメックスの縮合重合反応式を書け。

ケブラー

$$n\ \mathrm{HOOC{-}C_6H_4{-}COOH} + n\ \mathrm{H_2N{-}C_6H_4{-}NH_2} \longrightarrow$$

ノーメックス

$$n\ \mathrm{HOOC{-}C_6H_4{-}COOH} + n\ \mathrm{H_2N{-}C_6H_4{-}NH_2} \longrightarrow$$

注釈

103)　英語名は，Macromolecule または Polymer である。ただし，Macromolecule を個々の高分子に対して，Polymer を高分子の集合体としての物質に対して用いることもある。

4-7 合成繊維

4-7-1 合成繊維

合成高分子化合物を繊維状に成型 (紡糸) すると**合成繊維**が得られる (表 34)。毛玉のように絡み合っていた高分子化合物の鎖状分子が，紡糸の工程によって長く伸び，繊維方向に向きを揃えて配列するため，伸ばした方向の引っ張り強度が向上する。紡糸した状態で優れた性質をもつ高分子化合物が合成繊維として用いられる。

表 34: 代表的な合成繊維

ポリアミド		ポリエステル
ナイロン6	ナイロン66	ポリエチレンテレフタラート(PET)
開環重合	縮合重合	縮合重合
$\left(\mathrm{-C(=O)-(CH_2)_5-\underset{H}{N}-}\right)_n$	$\left(\mathrm{-C(=O)-(CH_2)_4-C(=O)-\underset{H}{N}-(CH_2)_6-\underset{H}{N}-}\right)_n$	$\left(\mathrm{-C(=O)-C_6H_4-C(=O)-O-CH_2CH_2-O-}\right)_n$

アクリル繊維	ビニロン
付加重合	付加重合
$\left(\mathrm{-CH_2-\underset{C\equiv N}{CH}-}\right)_n$	$\left(\mathrm{-CH_2-\underset{OH}{CH}-}\right)_n\left(\mathrm{-CH_2-\underset{O-CH_2-O}{CH-CH_2-CH}-}\right)_m$

4-7-2 ポリアミド

単量体分子間のアミド結合で構成された高分子を**ポリアミド**という。ポリアミドには，カプロラクタムの開環重合で合成される**ナイロン 6** や，アジピン酸とヘキサメチレンジアミンから合成される**ナイロン 66** のほか，芳香族カルボン酸と芳香族アミンから合成される**アラミド**などがある。

ナイロンは引っ張り強度が高く，耐摩耗性，耐久性に優れており，衣類，靴下，釣り糸，ブラシなどに用いられる。ケブラーやノーメックスの商品名で知られるアラミドは，高い耐熱性と強度をもち，消防服，防護服などに用いられている。

4-7-3　ポリエステル

単量体分子間のエステル結合で構成された高分子をポリエステルという。代表的なポリエステルには，テレフタル酸とエチレングリコールから合成されるポリエチレンテレフタラート (PET) がある。ナイロンに次ぐ引っ張り強度をもち，衣料用繊維として最も生産量が多く，広範囲に利用されている。また，繊維以外に，飲料容器のペットボトルとしても大量に利用されている。

4-7-4　アクリル繊維

アクリル繊維は，主としてアクリロニトリルの付加重合によってつくられた高分子である。耐摩耗性に優れ，羊毛の代替として，衣類，毛布，カーペットなどに用いられる。アクリル繊維を，高温で蒸し焼きにして炭化させると，**炭素繊維**になる。この方法で製造された炭素繊維を PAN (ポリアクリロニトリル) 系炭素繊維といい，炭素繊維強化複合材料の素材として，スポーツ用品などの民生用から，航空宇宙産業まで広く利用されている。

4-7-5　ビ ニ ロ ン

ビニロンは，酢酸ビニルから次のような段階を経て合成される繊維である。まず，単量体の酢酸ビニルを付加重合させて，ポリ酢酸ビニルを合成する。ポリ酢酸ビニルをアルカリ性水溶液で加水分解してポリビニルアルコールとする。このポリビニルアルコールを紡糸した後に，ホルムアルデヒドでヒドロキシ基を部分的にアセタール化すると合成繊維のビニロンが得られる[104)]。

ビニロンは軽く，耐摩耗性に優れる一方，アセタール化されずに残ったヒドロキシ基があるため，合成繊維の中では最も吸水性がある合成繊維である。綿に似た感触があるがやや硬い繊維なので，おもに産業用として漁網，ロープ，帆布などに利用される。

また，中間生成物のポリ酢酸ビニルは接着剤に，ポリビニルアルコールは洗濯のりなどに利用されている。

■演習問題 4-7

4.33　ナイロンはデュポン社のカロザースによって，天然繊維の絹を模して発明された。「石炭と水と空気からつくられ，鋼鉄よりも強く，クモの糸より細い」が，1940 年にナイロンストッキングが市販されたときのキャッチコピーであった。合成繊維のナイロンとタンパク質の絹に共通する分子構造は何か。

4.34　アクリル繊維が用いられている製品の例と，炭素繊維が用いられている製品の例を，それぞれ 3 つあげよ。

4.35　ビニロンが高い吸湿性をもつのは，ビニロンの構造のどの部分が原因かを答えよ。

4.36　ポリ酢酸ビニルの構造式 (図 53) と，ビニロンの構造式 (表 34) を参考に，ポリ酢酸ビニルからビニロンになる合成経路を書け。

注釈

104)　ポリビニルアルコールにホルムアルデヒドを反応させると，ホルミル基がポリビニルアルコール分子内の近くの 2 つのヒドロキシ基と反応して脱水し，-O-CH_2-O-の架橋構造をつくる。これをアセタール化という。

4-8　合成樹脂とゴム

4-8-1　合 成 樹 脂

合成高分子のうち，材料として利用されるものを合成樹脂という。合成樹脂は**熱可塑性樹脂**と**熱硬化性樹脂**に分類でき，それぞれの特性を活かした用途に利用されている。強度が非常に高い熱可塑性樹脂であるエンジニアリングプラスチックは，従来金属材料を用いていた機械部品にも利用され，製品の軽量化や高機能化に役立っている。

4-8-2　熱可塑性樹脂

熱可塑性樹脂は，加熱すると軟化して成型できるようになり，冷却すると硬化してその形状を維持できる樹脂であり，プラスチックともいう。成型加工が容易である利点から広く利用されている。

プラスチックとして用いられる高分子化合物は付加重合で合成されるものが多いが(表 35)，ナイロンやポリエステルのように縮合重合で合成されるものもある。

表 35: 付加重合で合成されるプラスチック (構造は図 53)

名称	ポリエチレン	ポリプロピレン	ポリ塩化ビニル	ポリスチレン	ポリメタクリル酸メチル
軟化点	100～120°C	140～160°C	70°C 程度	80～100°C	70～120°C
特徴	耐水性，耐薬品性，絶縁性に優れる。	耐熱性に優れる。	耐水性，耐薬品性に優れる。着色しやすい。	耐水性，耐薬品性，透明性に優れる。	耐水性，透明性，強度に優れる。
用途	フィルム，ポリ袋，電気絶縁材料	繊維強化して自動車のバンパー	水道配管，建築内装・外装材料	発泡スチロール容器，食品容器	光ファイバー，大型水槽

4-8-3　エンジニアリングプラスチック

強度が高く (引っ張り強度 50 MPa 以上)，耐熱性 (耐熱温度 100°C 以上)，耐摩耗性などに優れた性質をもつプラスチックを，エンジニアリングプラスチックという。

エンジニアリングプラスチックは金属材料の代替を目的に開発され，現在では機械，電気電子機器の部品に広く用いられている (エンジニアリングプラスチックの例は演習問題 4–8 の 4.38 を参照)。

4-8-4 熱硬化性樹脂

熱硬化性樹脂は，加熱・加圧によって重合反応が進行することで硬化する樹脂である(表 36)。重合の際に単量体が網目状に結合することで，耐熱性，耐久性に優れた材料になる。

熱硬化性樹脂になる高分子化合物には縮合重合で合成されるものが多い。単量体や重合度の低い樹脂は粉末や液体のため，それらを原料として加工するには，硬化剤とともに混合してから型に入れたり，素材に塗布する必要がある。

表 36: 代表的な熱硬化性樹脂

名称	フェノール樹脂	ユリア樹脂 (尿素樹脂)	メラミン樹脂
構造			
原料	フェノール ホルムアルデヒド	尿素 ホルムアルデヒド	メラミン ホルムアルデヒド
用途	電気絶縁物	合板用接着剤， 食器	家具，化粧板

4-8-5 ゴ　ム

ゴムは，力を加えると大きく変形し，力を除くともとの形に戻る弾性を有する樹脂をいう。

ゴムには，ゴムノキの樹液から得られる**天然ゴム**と人工的につくられた**合成ゴム**がある。ゴムノキの樹液からは，ポリイソプレンを主成分とする**生ゴム**が得られる。生ゴムの弾性や強度は，そのままではさまざまな用途に不十分なため，硫黄を加えて加熱 (**加硫**) して天然ゴムとする。一方，1,3-ブタジエンやクロロプレンなどのイソプレンに類似の単量体をおもに用いて付加重合させると合成ゴムが得られる[105)]。用いる単量体の種類によってさまざまな合成ゴムが開発されている。また，シリコーンゴムのように，イソプレン類似構造をもたない合成ゴムも実用化されている (表 37)。

ゴムを伸ばすように力を加えると容易に変形する理由は，力が加わっていないときには丸まって絡まった毛玉状の形をしているゴムの分子が，力が加わると引き伸ばされてまっすぐな形になるからである。生ゴムではゴム分子どうしがつながっていないので，大きな力を加えると分子の形や位置が変化してしまい変形が完全にはもとに戻らない。生ゴムを加硫することでゴム分子の間に硫黄原子の橋架けができ，全体が網目状構造になる。ゴム重量の 5%程度加硫したゴム分子は互いにずれにくくなり，弾性が向上する。

表 **37:** 代表的なゴム

名称	天然ゴム	ブタジエンゴム	クロロプレンゴム
構造	$\left(-CH_2-C(CH_3)=CH-CH_2- \right)_n$	$\left(-CH_2-CH=CH-CH_2- \right)_n$	$\left(-CH_2-C(Cl)=CH-CH_2- \right)_n$
原料	イソプレン	ブタジエン	クロロプレン
用途	輪ゴム，靴底	ゴルフボール	ゴム靴，コンベアベルト

名称	スチレン-ブタジエンゴム	シリコーンゴム
構造	$\left(-CH_2-CH(C_6H_5)- \right)_n \left(-CH_2-CH=CH-CH_2- \right)_m$	$\left(-O-Si(CH_3)_2- \right)_n$
原料	スチレン ブタジエン	ジメチルシロキサン
用途	タイヤ	医療用材料

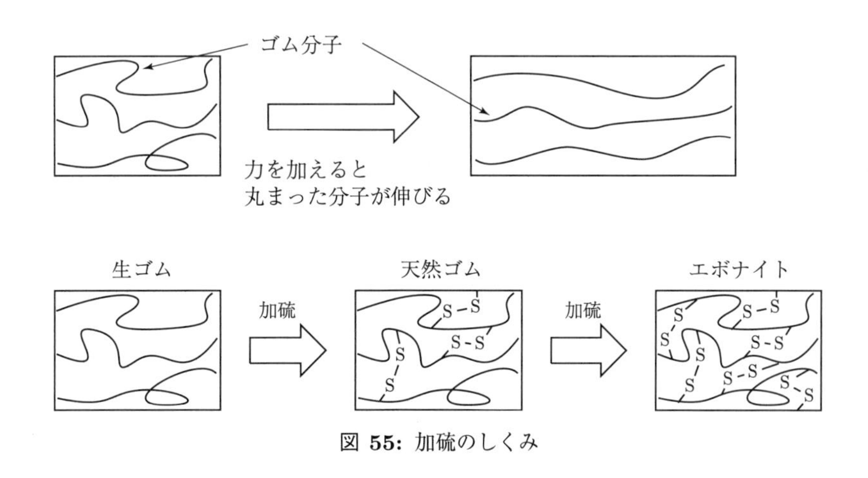

図 **55:** 加硫のしくみ

もっと硫黄の割合が増えるとゴムは固く，伸びにくくなり，硫黄の割合が 30%以上になるとほとんど伸縮しないエボナイトという樹脂になる (図 55)。

■演習問題 4-8

4.37　次の (1)～(4) のうち，合成樹脂の誤っている説明はどれか。

(1)　熱硬化性樹脂とは，熱と圧力で網目構造分子となり硬化する樹脂をいう。

(2)　エンジニアリングプラスチックとは，金属の代替として用いられる熱可塑性樹脂をいう。

(3)　熱可塑性樹脂は熱硬化性樹脂より成形が困難なので，あまり利用されない。

(4)　エンジニアリングプラスチックは，一般に高強度で，耐熱性，耐摩耗性に優れている。

4.38　次のエンジニアリングプラスチックの構造，名称，性質，用途のうち，最も関係の深い項目の間を線で結べ。

構造	名称	性質・用途
A: $-[O-C_6H_4-C(CH_3)_2-C_6H_4-O-C(=O)]_n-$	1: FR-PP (強化ポリプロピレン)	Ⅰ：高強度，耐熱性，耐熱服
B: $-[CH_2-O]_n-$	2: PA (ノーメックス)	Ⅱ：耐衝撃性，透明性
C: $-[C_6H_2(CH_3)_2-O]_n-$	3: PC (ポリカーボネート)	Ⅲ：耐摩耗性，耐クリープ性，電子機械部品
D: $-[CF_2-CF_2]_n-$	4: POM (ポリオキシメチレン)	Ⅳ：寸法安定性，電気・電子機器ハウジング
E: $-[CH_2-CH(CH_3)]_n-$	5: PPO (ポリフェニレンオキシド)	Ⅴ：無害性，耐薬品性，生体用材料
F: $-[CO-C_6H_4-CO-NH-C_6H_4-NH]_n-$	6: PTFE (テフロン)	Ⅵ：疎水性，自動車用複合材料

4.39　イソプレンが付加重合するとき，2つのイソプレン単位が取り得る構造をすべて構造式で書け。このうち，生ゴムの主成分になっているのはどの構造か答えよ。

■注釈

105)　天然ゴムやブタジエンゴムの構造をみると，高分子の二重結合がシス型である。グッタペルカという物質は天然ゴムと同じイソプレンの重合体であるが，こちらは二重結合がトランス型である。この分子構造の違いが原因で，天然ゴムには弾性があるがグッタペルカは弾力がなく硬い。一方，クロロプレンゴムは二重結合がトランス型であるにもかかわらず弾力がある。

マイクロプラスチックと生分解性高分子

プラスチックは現代の生活に欠かせない合成樹脂である。安定した性質のため，飲み物や食物を保管する容器として使われている。しかし，自然に分解しない安定性のため，プラスチック廃棄物のごみ問題が深刻化している。さらに，1970年代前半に，海中からポリスチレンの小さな破片が発見されたことを機に海洋汚染が懸念され，2000年代には，「マイクロプラスチック」という地球環境問題が提言された。マイクロプラスチックは，大きさが5 mm以下のプラスチック屑と定義されることが多く，海洋生物の体内蓄積や，海底での滞留などは深刻な環境問題の1つである。

ポリ乳酸などの生分解性高分子は，微生物によって二酸化炭素と水に分解されるため，手術の縫合糸などに使われてきた。この“分解される”という性質から，マイクロプラスチック問題の解決のために，今また生分解性高分子に注目が集まっている。特に，海洋中でも分解できる生分解性高分子の開発が多く検討されており，ポリヒドロキシアルカン酸 (RHA)，バイオポリブチレンサクシネート (バイオPBS)，バイオポリブチレンアジペートテレフタレート (バイオRBAT)，ポリブチレンサクシネート (PBS)，ポリブチレンアジペートテレフタレート (PBAT) などが現在までに開発されている。

“バイオ”と付くものは，バイオプラスチックとよばれ，従来の石油由来のプラスチックとは異なり，植物由来のプラスチックのため，これも環境に配慮したプラスチックとされている。上記の“バイオ”かつ“生分解性”のプラスチックが今一番求められている素材である。

日本では，化学メーカーのカネカが30年近くをかけて開発した，バイオ生分解性プラスチックのPHBH* が普及しており，現在はコンビニエンスストアやコーヒーショップのスプーンやフォーク，ストローなどに使われている。

＊ Poly (3-hydroxybutyrate-co-3-hydroxyhexanoate)

参考文献

[1] 山本和正 他著,「目でみる化学」(改訂版), 培風館 (1993)

[2] 船橋弥益男, 小林憲司, 秀島武敏 共著,「化学のコンセプト — 歴史的背景とともに学ぶ化学の基礎」, 化学同人 (2004)

[3] 渡辺範夫, 薬袋佳孝 共著,「あなたが捉える 化学の世界」, 三共出版 (2004)

[4] 蒲池幹治, 岩井薫, 伊藤浩一 共著,「基礎物質科学 — 大学の化学入門」, 三共出版 (2007)

[5] 金原粲 監修, 吉田泰彦 他著,「基礎化学 1 — 物質の構成と変化」(専門基礎ライブラリー), 実教出版 (2006)

[6] 浅野努, 荒川剛, 菊川清 共著,「化学 — 物質・エネルギー・環境」(第 4 版), 学術図書出版社 (2008)

[7] 川泉文男 著,「化学の視点」, 学術図書出版社 (2009)

[8] 芝原寛泰, 斉藤正治 共著,「大学への橋渡し 一般化学」, 化学同人 (2006)

[9] 野村浩康 他著,「大学化学への入門 — 演習問題を中心に」, 学術図書出版 (2006)

[10] H. H. Sisler, C. A. Vanderwerf, A. W. Davidson, *College Chemistry*, 2nd ed., Maruzen (1964)

[11] J. V. Quagliano, *Chemistry*, 2nd ed., Maruzen (1967)

[12] A. Greenberg, *A Chemical History Tour*, John Wiley & Sons (2000)

[13] 数研出版編集部 編,「視覚でとらえるフォトサイエンス　化学図録」(改訂版), 数研出版 (2006)

[14] 数研出版編集部 編,「リード α　化学 IB・II」, 数研出版 (1996)

[15] ト部吉庸 著,「理系大学受験　化学 I・II の新研究」(改訂版), 三省堂 (2005)

[16] 実教出版編修部 編,「サイエンスビュー　化学総合資料」(増補 3 訂版), 実教出版 (2007)

[17] 日本化学会 編,「化学便覧 基礎編」(改訂 5 版), 丸善 (2004)

[18] L. Pauling, *The Nature of the Chemical Bond*, Cornell University Press (1960)

付　　録

A-1　化学実験器具

試験管
test tube
ビーカー
beaker
コニカルビーカー
conical beaker
三角フラスコ
erlenmeyer's flask
ナス型フラスコ
recovery flask
枝付きフラスコ
side-arm flask
メスフラスコ
volumetric flask
時計皿
watch glass
シャーレ
petri dish
蒸発皿
evaporating dish
ろ過びん
filtering bottle
ロート
funnel
メスシリンダー
graduated cylinder
駒込ピペット
Komagome pipette
ホールピペット
whole pipette
ビュレット
burette

A-2　化学実験安全の手引き

A-2-1　化 学 実 験

化学実験は楽しい自然との対話である。予習を十分行い，目的，使用器具・装置の性能，材料・薬品の性質，操作手順などをよく理解して実験に臨んでほしい。

(1)　化学実験を始める前に

1. 体調を整えて化学実験に臨む。
2. 化学実験は動きやすい身軽な服装で行う。強酸・強アルカリや腐食性薬品などから身体を保護するため，白衣や作業服を着用する。
3. 薬品が目に入るのを防止するため，実験用眼鏡の着用が望ましい。特に，コンタクトレンズ使用者は，保護眼鏡を着用する。
4. 薬品や破損したガラスなどから足を守るため靴を着用する。サンダルやハイヒールなどは避ける。
5. 長い頭髪は束ねて危険から守る。指輪などの金属性装身具は，薬品に侵されるだけでなく，皮膚炎やアレルギーの原因になる。
6. 装置などの不具合を発見したら，すぐに教員に連絡する。
7. カバンなど実験に直接関係のない物品は指定の場所 (ロッカーなど) に収納する。

(2)　化学実験中の注意

1. 実験中はその場を離れずに観察を続ける。事故防止のために最も重要である。
2. 薬品が目に入ったときは，すぐに大量の水道水で洗浄する。手や衣服に付いたときも，すぐに水道水で洗浄する。口に吸い込んだときは，すぐにうがいをする。そして，速やかに教員に連絡して指示を仰ぐ。
3. 薬液が付着したピペットやガラス棒などを振り回したり，試薬ビンやガラス器具の口を他人に向けない。他人に対する配慮は互いを事故から守る。
4. ガラス器具は壊れるものである。無理に力を加えると思いがけない事故に遭う。
5. 薬品の臭いを嗅ぐときは，容器の上に直接鼻を近づけない。手で呼び込んで臭いを嗅ぐ。
6. 火傷をしたときは，冷水 (水道水を流し放しにする) で患部を冷やす。出火したときは，本人は呆然とすることが多いので，周囲の者が速やかに本人の安全を確保し，教員の指示に従って初期消火する。
7. 吸入すると有害な薬品もあるので，実験室の換気には十分気をつける。
8. ビーカーや試験管で液体を加熱するときは，突沸に気をつける。ビーカーはガラス棒で撹拌しながら加熱し，試験管はビーカーにお湯を注ぎ，その中で加熱する。
9. 水銀温度計を不注意で破損しない。破損したときは，すぐに教員に連絡する。

10. 実験台上に水や薬品をこぼしたときは，速やかに雑巾で拭き取る。そのために，あらかじめ水道水でよくすすぎ，しぼった雑巾を準備する。

11. 使用した器具を薬品が付着したまま放置しない。思わぬ事故につながることがある。

12. 常に，周囲の実験者とコミュニケーションをとりながら，安全に配慮する。

(3) 化学実験の後片付け

1. 実験器具，試薬類などの数を確認し，本来の保管場所に戻す。隣の実験台にあるガラス器具などを勝手に取り替えない。

2. ガス栓，水道栓などを締める。

3. 実験台上は整理整頓し，清掃されていることを確認する。

4. 実験後の廃液や残った試薬は，混ぜないで指示された通りに廃棄する。

(4) 事故の報告

怪我などで加療が必要な事故のときや，単なる器具の破損などでも教員に状況を報告する。報告が必要な理由は以下の3つであり，単位取得に障害はないので，その場ですぐに報告する。

1. 事故には必ずその原因があり，事故状況を説明することで，各自が事故の原因を冷静に認識できる。失敗やミスは誰にでもありうる。その状況を振り返って反省しなければ，より深刻な事故を再び繰り返すことになる。

2. 教員が事故の報告を受けることで，その実験の潜在的な危険性を認識でき，それ以後の授業の際，クラスに注意できる。事故リスクを下げることにつながる。

3. 教員が破損の事実を確認し，破損器具・装置の補充・補修の計画を立てる必要がある。各自が勝手に器具を移動させて利用すると，他のクラスの授業に支障が生じる。

A-2-2　危険薬品の例

表 A.1: 薬品の危険性と取扱い方法

危険性	危険の種類および程度	物質例	保存・取扱い
発火性	空気に触れると自然発火 (発火点 40°C 未満)	黄リン，赤リン，還元鉄粉末，鉛粉，白金黒	密閉して，空気に直接触れないようにし，他の薬品と隔離する。黄リンは水中に保存する。
	水に触れると発熱して発火	ナトリウム，カリウム，マグネシウム粉，生石灰，炭化カルシウム	密閉して，水分を遮断する。ナトリウムやカリウムは石油 (灯油) 中に保存し，直接手で触れない。
引火性	引火性が大きい (引火点 30°C 未満) または可燃ガス	エーテル，ベンゼン，アルコール，アセトン，トルエン，キシレン，エステル類，二硫化炭素，エチレン，アセチレン，水素，一酸化炭素，硫化水素，アンモニア	火気があると常温でも引火するので，貯蔵・取扱い中は，火気使用を禁止する。保存中は密閉して，ガスまたは蒸気漏れをなくし，火気から遠ざけて，冷暗所に保存する。
爆発性	強烈な爆発作用をもつ。	ニトログリセリン，ジニトリロベンゼン，トリニトロトルエン (TNT)，ピクリン酸，硝酸エステル，シアン酸塩	シアン酸塩は，乾燥状態で強爆発性を有する。
	強烈な衝撃あるいは急激な加熱によって爆発する。	塩素酸カリウム，塩素酸ナトリウム，硝酸アンモニウム，過酸化ナトリウム	衝撃・摩擦を与えないようにし，密閉して冷所に保存する。
	乾燥状態で強列な爆発作用をもつ。	銀，水銀， 銅のアセチレン化合物	乾燥・加熱を避ける。
酸化性	加熱，圧縮または強酸，アルカリなどの添加により，強い酸化性を示す。	塩素酸カリウム，過塩素酸， 過塩化バリウム，亜硝酸ナトリウム	容器を密閉し，酸との接触を避ける。
禁水性	吸湿または水との接触により，発熱，発火または有毒ガスを発生する。	ナトリウム，カリウム，炭化カルシウム，水素化リチウム， 水素化アルミニウムリチウム， 生石灰	水との接触を避ける。
強酸性	無機または有機の強酸類	硫酸，硝酸，クロロ硫酸，フッ化水素，クロロ酢酸，ギ酸	
腐食性	人体に接触すると皮膚・粘膜を強く刺激し，損傷する。	アンモニア水，過マンガン酸カリウム，硝酸銀，サリチル酸，クレゾール，トリメチルアミン	
有毒性	許容濃度 50 ppm 未満または 50 mg/m^3 未満，または経口致死量 30 mg/kg 未満	亜ヒ素酸ナトリウム，酸化ベリリウム，シアン化ナトリウム， 酸化エチレン，ニコチン	
有害性	許容濃度 50 ppm 以上 200 ppm 未満または 50 mg/m^3 以上 200 mg/m^3 未満	クロロ酸鉛，酸化鉛，臭化カドミウム，トリクロロエチレン， トルエン	

(「サイエンスビュー 化学総合資料」(2007) より)

A-2-3　廃 液 処 理

(1)　廃液回収

廃液は内容ごとに別々の容器に回収する。むやみに混合すると危険であるだけではなく，処理を困難にすることが多い。廃液に触れた器具を洗浄した液も同じである。

(2)　特別な処理が不必要な廃液

水溶液のうち，規制項目のすべてが許容範囲以内で，重金属類を含まない廃液は水で希釈して下水に流す。

(3)　酸，アルカリ廃液

重金属を含まない無機酸 (塩酸，硫酸，硝酸)・無機塩基 (水酸化ナトリウム，水酸化カリウム，アンモニアなど) の水溶液は，pH 5〜9 の範囲に中和してから下水に流す。酸廃液とアルカリ廃液を保管しておいて両者を混合してもよい。必要に応じて塩酸や水酸化ナトリウム水溶液などを用いて中和する。高濃度の場合は発熱に注意する。

(4)　重金属廃液

重金属イオンの水溶液は，水酸化ナトリウム水溶液や希硫酸を用いて約 pH 10 の塩基性に調整してから，硫化ナトリウム水溶液を加え，重金属イオンを硫化物として十分に沈殿させる (水銀を含む場合は (7) を参照)。上澄みは pH 5〜9 の範囲に中和してから下水に流し，沈殿物は蒸発乾固して水分を除いた後，専門の処理業者に処理を委託する。

過マンガン酸イオン，二クロム酸イオンなど，遷移金属の高酸化数イオンは，シュウ酸などの還元剤を加えて低酸化数にしてから硫化物とする。

(5)　有機物廃液

重金属を含む場合は，まず重金属廃液として処理し，重金属成分を除く ((4) を参照)。酢酸，糖類，低級アルコール，アセトンなど毒性の低い生分解性有機物のみを含む水溶液は，pH を 5〜9 の範囲に中和し，水で希釈しながら下水に流す。それ以外の有機物を含む水溶液は有機廃液として処理する。

(6)　有機廃液

C, H, O のみの廃液とそれ以外の廃液を分けて回収・保管し，専門の処理業者に処理を委託する。

(7)　水銀を含む溶液

水銀専用のキレート樹脂に通して水銀を吸着させる。キレート樹脂の処理は，専門の処理業者に処理を委託する。

(8)　リン酸イオンを含む溶液

pH 10〜11 で塩化カルシウム水溶液と反応させて $Ca_3(PO_4)_2$ の沈殿とし，水分を除いた後，不燃ごみとして処理する。

(9)　フッ化物イオンを含む溶液

pH 6〜7 で塩化カルシウム水溶液と約 1 日反応させて CaF_2 の沈殿とし，水分を除いた後，不燃ごみとして処理する。

A-3 付　表

表 **A.2:** SI 基本単位

物理量	単位記号	単位の名称
長さ	m	メートル
質量	kg	キログラム
時間	s	秒
電流	A	アンペア
温度	K	ケルビン
物質量	mol	モル
光度	cd	カンデラ

表 **A.3:** 固有の名称をもつ SI 組立単位

物理量	単位記号	単位の名称	SI 基本単位での表記	他の SI 単位での表記
周波数	Hz	ヘルツ	1/s	
力	N	ニュートン	$m \cdot kg/s^2$	
圧力	Pa	パスカル	$kg/(m \cdot s^2)$	N/m^2
エネルギー	J	ジュール	$m^2 \cdot kg/s^2$	N·m
電力・仕事率	W	ワット	$m^2 \cdot kg/s^3$	J/s
電気量・電荷	C	クーロン	A·s	
電圧・電位	V	ボルト	$m^2 \cdot kg/(s^3 \cdot A)$	J/C
電気抵抗	Ω	オーム	$m^2 \cdot kg/(s^3 \cdot A^2)$	V/A
セルシウス温度	°C	セルシウス度	K	
平面角	rad	ラジアン		
立体角	sr	ステラジアン		

表 **A.4:** 基本定数

物理量	記号	数値と単位
プランク定数	h	$6.62607015 \times 10^{-34}$ J·s
電子・陽子のもつ電気量の絶対値	e	$1.602176634 \times 10^{-19}$ C
電子 1 個の質量	m_e	$9.1093837015(28) \times 10^{-31}$ kg
陽子 1 個の質量	m_p	$1.672621898(21) \times 10^{-27}$ kg
中性子 1 個の質量	m_n	$1.674927471(21) \times 10^{-27}$ kg
統一原子質量単位 (1 u)	m_u	$1.66053906660(50) \times 10^{-27}$ kg
アボガドロ定数	N_A	$6.02214076 \times 10^{23}$/mol
セルシウス温度目盛りのゼロ点 (0°C)	T	273.15 K
標準大気圧 (1 atm)		101325 Pa
理想気体のモル体積 (0°C, 1 atm または 10^5 Pa)	V_0	22.41396954 L/mol または 22.71095464 L/mol
気体定数	R	8.31446261815324 J/(mol·K)
ファラデー定数	F	$9.64853321233100184 \times 10^4$ C/mol
真空中の光速	C_0	299792458 m/s
自由落下の標準加速度	g_n	9.80665 m/s^2

(国際度量衡委員会 (BIPM) 国際単位系 (SI) 第 9 版 (2019) より)

表 **A.5:** ギリシャ文字

大文字	小文字	読み方	大文字	小文字	読み方	大文字	小文字	読み方
A	α	アルファ	I	ι	イオタ	P	ρ	ロー
B	β	ベータ	K	κ	カッパ	Σ	σ	シグマ
Γ	γ	ガンマ	Λ	λ	ラムダ	T	τ	タウ
Δ	δ	デルタ	M	μ	ミュー	Υ	υ	ウプシロン
E	ε, ϵ	イプシロン	N	ν	ニュー	Φ	φ, ϕ	ファイ
Z	ζ	ゼータ	Ξ	ξ	グザイ	X	χ	カイ
H	η	イータ	O	o	オミクロン	Ψ	ψ	プサイ
Θ	θ	シータ	Π	π	パイ	Ω	ω	オメガ

表 **A.6:** 数詞

数	数詞の名称	数	数詞の名称
1	モノ (mono)	7	ヘプタ (hepta)
2	ジ (di)	8	オクタ (octa)
3	トリ (tri)	9	ノナ (nona)
4	テトラ (tetra)	10	デカ (deca)
5	ペンタ (penta)	11	ウンデカ (undeca)
6	ヘキサ (hexa)	12	ドデカ (dodeca)

IUPAC 命名法

IUPAC (国際純正および応用化学連合; International Union of Pure and Applied Chemistry) では，無機物質や有機物質の名称と化学式が対応するように，命名法の規則を定めている。日本化学会は，これをもとにして，原語の名称を翻訳し，カタカナ表記にする (字訳) 場合の規則を定めている。

表 **A.7:** 無機化学命名法 — 化学式の書き方

明確な分子からなる化合物	分子量に相当する分子式で表す。　例: H_2, H_2O 分子量が温度などで変わるときは，最も簡単な分子式で表す。 例: S_8, P_4 の代わりに S, P
2 種類以上の非金属元素からなる化合物	次の順序で前方にある元素を前に書く。 例: H_2O, NH_3, B, Si, C, Sb, As, P, N, H, Se, S, I, Br, Cl, O, F
金属元素と非金属元素からなる化合物	電気的陽性な成分 (陽イオン) を先に書く。 例: NaBr, NH_4Cl, K_2CO_3 陽性および陰性の成分が，2 種類以上あるときは，それぞれの部分で元素記号 (多原子イオンでは中心の元素の記号) のアルファベット順にする。 例: MgCl(OH), $AlK(SO_4)_2$, $12H_2O$

(「サイエンスビュー 化学総合資料」(2007) より)

表 **A.8:** 化合物の読み方の原則

陰性成分が 1 種類	陰性成分が単原子または同種の多原子のとき 陰性成分の名称＋化＋陽性成分の名称 → 元素名から素をとるなどの略称を用いる 例: $CaCl_2$ 塩化カルシウム，MgO 酸化マグネシウム， H_2S 硫化水素 (硫黄化水素ではない)
	陰性成分が異種多原子のとき 陰性成分の名称＋酸＋陽性成分の名称 → 酸にならない例外もある 例: K_2SO_4 硫酸カリウム 例外: NaOH 水酸化ナトリウム，KCN シアン化カリウム
陰性成分が 2 種類以上	陰性成分を元素記号のアルファベット順に読み，化 (酸) をつけて陰性部分に続ける。陽性部分が 2 種類以上あれば，英語名の陰性に近い方から先頭に向かって読む。 例: Cu_2CO_2 炭酸二水酸化二銅

化学物質は，その成分 (原子，原子団，イオンなど) の名称とそれらの成分の数を用いて表す。
(「サイエンスビュー 化学総合資料」(2007) より)

表 **A.9:** イオン名の読み方

陽イオン	単原子	元素名にイオンをつける。 例: Na^+ ナトリウムイオン，Cu^+ 銅イオン (I)，Cu^{2+} 銅イオン (II)
	多原子	例: $NH_4{}^+$ アンモニウムイオン，H_3O^+ オキソニウムイオン
陰イオン	単原子	元素名の語尾を変えて，—化物イオンをつける。 例: Cl^- 塩化物イオン，O^{2-} 酸化物イオン 水素 (H^-) は水素化物イオンになることがある。
	多原子	例: OH^- 水酸化物イオン， $SO_4{}^{2-}$ 硫酸イオン (オキソ酸から生じた陰イオンの名称 ＋ イオン)

(「サイエンスビュー 化学総合資料」(2007) より)

表 **A.10:** 酸・塩基の電離定数

	物質名	電離式	電離定数 (mol/L)
酸	亜硝酸	$HNO_2 \rightleftarrows H^+ + NO_2{}^-$	7.08×10^{-4}
	亜硫酸	$H_2SO_3 \rightleftarrows H^+ + HSO_3{}^-$	1.38×10^{-2}
		$HSO_3{}^- \rightleftarrows H^+ + SO_3{}^{2-}$	6.46×10^{-8}
	塩化水素	$HCl \rightleftarrows H^+ + Cl^-$	1×10^8 (推定値)
	酢酸	$CH_3COOH \rightleftarrows H^+ + CH_3COO^-$	2.75×10^{-5}
	次亜塩素酸	$HClO \rightleftarrows H^+ + ClO^-$	2.95×10^{-8}
	シュウ酸	$H_2C_2O_4 \rightleftarrows H^+ + HC_2O_4{}^-$	9.12×10^{-2}
		$HC_2O_4{}^- \rightleftarrows H^+ + C_2O_4{}^{2-}$	1.51×10^{-4}
	炭酸	$H_2CO_3 \rightleftarrows H^+ + HCO_3{}^-$	4.47×10^{-7}
		$HCO_3{}^- \rightleftarrows H^+ + CO_3{}^{2-}$	4.68×10^{-11}
	ホウ酸	$H_3BO_3 \rightleftarrows H^+ + H_2BO_3{}^-$	5.75×10^{-10}
	硫酸水素イオン	$HSO_4{}^- \rightleftarrows H^+ + SO_4{}^{2-}$	1.02×10^{-2}
	リン酸	$H_3PO_4 \rightleftarrows H^+ + H_2PO_4{}^-$	7.08×10^{-3}
		$H_2PO_4{}^- \rightleftarrows H^+ + HPO_4{}^{2-}$	6.31×10^{-8}
		$HPO_4{}^{2-} \rightleftarrows H^+ + PO_4{}^{3-}$	4.47×10^{-13}
	硫化水素	$H_2S \rightleftarrows H^+ + HS^-$	9.55×10^{-8}
		$HS^- \rightleftarrows H^+ + S^{2-}$	1.26×10^{-14}
	安息香酸	$C_6H_5COOH \rightleftarrows H^+ + C_6H_5COO^-$	1.00×10^{-4}
	ギ酸	$HCOOH \rightleftarrows H^+ + HCOO^-$	2.82×10^{-4}
	サリチル酸	$C_6H_4(OH)COOH \rightleftarrows H^+ + C_6H_4(OH)COO^-$	1.55×10^{-3}
	フェノール	$C_6H_5OH \rightleftarrows H^+ + C_6H_5O^-$	1.51×10^{-10}
塩基	アンモニア	$NH_3 + H_2O \rightleftarrows NH_4{}^+ + OH^-$	1.74×10^{-5}
	アニリン	$C_6H_5NH_2 + H_2O \rightleftarrows C_6H_5NH_3{}^+ + OH^-$	4.47×10^{-10}
	メチルアミン	$CH_3NH_2 + H_2O \rightleftarrows CH_3NH_3{}^+ + OH^-$	4.37×10^{-4}
	エチルアミン	$C_2H_5NH_2 + H_2O \rightleftarrows C_2H_5NH_3{}^+ + OH^-$	4.27×10^{-4}

データは 25°C における値　　(「化学便覧 基礎編」(2004) より)

表 **A.11:** 標準電極電位

	電極反応 (酸化還元反応)	標準電極電位 (V)
金属	$Li^+ + e^- = Li$	−3.045
	$K^+ + e^- = K$	−2.925
	$Ca^{2+} + 2e^- = Ca$	−2.84
	$Na^+ + e^- = Na$	−2.714
	$Mg^{2+} + 2e^- = Mg$	−2.356
	$Al^{3+} + 3e^- = Al$	−1.676
	$Zn^{2+} + 2e^- = Zn$	−0.7626
	$Fe^{2+} + 2e^- = Fe$	−0.44
	$Ni^{2+} + 2e^- = Ni$	−0.273
	$Sn^{2+} + 2e^- = Sn$	−0.1375
	$Pb^{2+} + 2e^- = Pb$	−0.1263
	$2H^+ + 2e^- = H_2$	0.000
	$Cu^{2+} + 2e^- = Cu$	0.340
	${Hg_2}^{2+} + 2e^- = 2Hg$	0.7960
	$Ag^+ + e^- = Ag$	0.7991
	$Pt^{2+} + 2e^- = Pt$	1.188
	$Au^{3+} + 3e^- = Au$	1.52
酸化剤	$O_2 + H_2O = O_3 + 2H^+ + 2e^-$	−2.075
	$2H_2O = H_2O_2aq + 2H^+ + 2e^-$	−1.763
	$MnO_2 + 2H_2O = {MnO_4}^- + 4H^+ + 3e^-$ (酸性)	−1.70
	$2F^- = F_2$(気体) $+ 2e^-$	−2.87
	$2Cl^- = Cl_2aq + 2e^-$	−1.396
	$2Br^- = Br_2aq + 2e^-$	−1.0874
	$2I^- = I_2$(固体) $+ 2e^-$	−0.5355
	$2Cr^{3+} + 7H_2O = {Cr_2O_7}^{2-} + 14H^+ + 6e^-$	−1.36
	$Mn^{2+} + 2H_2O = MnO_2 + 4H^+ + 2e^-$	−1.23
	NO(気体) $+ 2H_2O = {NO_3}^- + 4H^+ + 3e^-$	−0.957
	N_2O_4(気体) $+ 2H_2O = 2{NO_3}^- + 4H^+ + 2e^-$	−0.803
	$H_2SO_3 + H_2O = {SO_4}^{2-} + 4H^+ + 2e^-$	−0.158
	$S + 3H_2O = H_2SO_3 + 4H^+ + 4e^-$	−0.500
還元剤	$Fe^{3+} + e^- = Fe^{2+}$	0.771
	$O_2 + 2H^+ + 2e^- = H_2O_2aq$	0.695
	$S + 2H^+ + 2e^- = H_2Saq$	0.174
	$Sn^{4+} + 2e^- = Sn^{2+}$	0.15
	$2H^+ + e^- = H_2$	0.000
	$2CO_2 + 2H^+ + 2e^- = H_2C_2O_4aq$	−0.475
	$Na^+ + e^- = Na$	−2.714

(「化学便覧 基礎編」(2004) より)

表 **A.12:** 溶解エンタルピー

物質	溶解エンタルピー	物質	溶解エンタルピー
塩素 (気体)	−23.4	ヨウ化カリウム	20.5
臭素 (気体)	2.6	硝酸カリウム	34.7
ヨウ素 (気体)	22.6	硫酸マグネシウム	−91.2
塩化鉄 (Ⅲ)	−151	塩化アンモニウム	14.8
塩化銀	54.4	硝酸アンモニウム	25.7
塩化バリウム	−13.4	硫酸アンモニウム	6.6
塩化カルシウム	−81.8	水酸化ナトリウム	−44.5
硫化銅	−73.1	アンモニア (気体)	−34.2
硝酸銀	22.6	塩化ナトリウム	3.9
塩化水素 (気体)	−74.9	硫酸ナトリウム	−2.4
臭化水素 (気体)	−85.2	塩化亜鉛	−73.1
ヨウ化水素 (気体)	−81.7	メタノール	−7.3
硫化水素 (気体)	−19.1	エタノール	−10.5
硫酸	−95.3	エチレングリコール	−5.6
硝酸	−33.3	酢酸	−1.7
リン酸	−9.2	シュウ酸	2.1
塩化カリウム	17.2	アセトアルデヒド	18.4
臭化カリウム	20.0	尿素	15.4

単位はすべて kJ/mol　　(「化学便覧 基礎編」(2004) より)

表 **A.13:** 燃焼エンタルピー

物質	分子式	燃焼エンタルピー	物質	分子式	燃焼エンタルピー
水素	H_2	−286	一酸化炭素	CO	−284
ダイヤモンド	C	−395	アンモニア	NH_4	−381
黒鉛	C	−394	エタノール	C_2H_6O	−1368
メタン	CH_4	−891	フェノール	C_6H_6O	−3054
エタン	C_2H_6	−1561	アセトン	C_3H_6O	−1821
プロパン	C_3H_8	−2219	ジエチルエーテル	$C_4H_{10}O$	−2751
ヘキサン	C_6H_{14}	−4163	ギ酸	CH_2O_2	−253
オクタン	C_8H_{18}	−5510	酢酸	$C_2H_4O_2$	−874
ベンゼン	C_6H_6	−3268	スクロース	$C_{12}H_{22}O_{11}$	−5640
o-キシレン	C_8H_{10}	−4596	グルコース	$C_6H_{12}O_6$	−2803
エチレン	C_2H_4	−1411	ナフタレン	$C_{10}H_8$	−5156
アセチレン	C_2H_2	−1302			

単位はすべて kJ/mol　　(「化学便覧 基礎編」(2004) より)

表 **A.14:** 生成エンタルピー

化合物	状態	生成エンタルピー	化合物	状態	生成エンタルピー
H_2O	気体	−241.8	CH_3OH	液体	−239.1
H_2O_2	気体	−136.3	HNO_3	気体	−135.1
HCl	気体	−92.3	SiO_2	固体	−910.9
HBr	気体	−36.4	Fe_2O_3	固体	−824.2
HI	気体	26.5	Al_2O_3	固体	−1657
SO_2	気体	−296.8	MgO	固体	−601.7
O_3	気体	142.7	KOH	固体	−424.8
NO	気体	90.3	K_2CO_3	固体	−1151
NH_3	気体	−46.1	CH_3COCH_3	液体	−248.1
CO	気体	−110.5	C_2H_6	気体	−83.8
CO_2	気体	−393.5	C_3H_8	気体	−104.7
CH_4	気体	−74.4	C_2H_4	気体	52.5
C_2H_2	気体	228.2	C_6H_6	液体	49.0

データは $1.013 \times 10^5\,\mathrm{Pa}$， $25^\circ\mathrm{C}$ における値，単位は kJ/mol

(「化学便覧 基礎編」(2004) より)

表 **A.15:** 結合エンタルピー

結合	分子	結合エンタルピー	結合	分子	結合エンタルピー
C–C	C_2	599.0	F–O	F_2O	191.7
C–C*	C_2	354.2	F–S	SF_6	329.0
C–C	C_2H_6	366.4	F–C	CH_3F	472
C=C	C_2H_4	719	Cl–Cl	Cl_2	239.2
C≡C	C_2H_2	956.6	Cl–Br	ClBr	215
H–H	H_2	432.0686	Cl–I	ClI	207.7
H–F	HF	565.9	Cl–O	ClO_2	257.5
H–Cl	HCl	427.7	Cl–P	PCl_3	320
H–Br	HBr	362.4	Cl–C	CH_3Cl	342.0
H–I	HI	294.5	Cl–Na	NaCl	410.2
H–O	H_2O	458.9	Br–Br	Br_2	189.8
H–S	H_2S	362.3	Br–I	BrI	177.02
H–N	NH_3	386.0	Br–P	PBr_3	261
H–P	PH_3	316.8	Br–C	CH_3Br	289.9
H–C	CH_4	410.5	I–I	I_2	148.9
H–Si	SiH_4	316	I–C	CH_3I	231
H–Sn	SnH_4	248	S=S	S_2	421.6
H–B	BH_3	371	S=C	CS_2	577
H–Cu	HCu	262	N≡N	N_2	941.6
H–Li	HLi	236.68	N≡P	NP	614
O=O	O_2	493.6	N≡C	CN	745
O=C	CO_2	526.1	N≡B	BN	561
F–F	F_2	154.8	P≡P	P_2	485.7
F–Cl	FCl	247.2	Na–Na	Na_2	72.9
F–Br	FBr	246.1	K–K	K_2	54.3
F–I	FI	277.5	Hg–Hg	Hg_2	7

* はダイヤモンド，単位は kJ/mol　　（「化学便覧 基礎編」(2004) より）

表 **A.16:** 気体の分子量，比重，密度，1 mol の体積

気体	分子量	比重	密度 (g/L)	1 mol の体積 (L)
水素	2.016	0.069589	0.0899	22.42
ヘリウム	4.003	0.138177	0.1785	22.43
メタン	16.042	0.553745	0.717	22.37
アンモニア	17.034	0.587988	0.771	22.09
ネオン	20.18	0.696583	0.900	22.42
アセチレン	26.036	0.898723	1.173	22.20
一酸化炭素	28.01	0.966862	1.250	22.41
窒素	28.02	0.967207	1.250	22.42
エチレン	28.052	0.968312	1.260	22.26
空気	28.97	1	1.293	22.41
一酸化窒素	30.01	1.035899	1.340	22.40
エタン	30.068	1.037901	1.356	22.17
酸素	32.00	1.104591	1.429	22.39
硫化水素	34.086	1.176596	1.539	22.15
塩化水素	36.458	1.258474	1.639	22.24
フッ素	38.00	1.311702	1.696	22.41
アルゴン	39.95	1.379013	1.784	22.39
二酸化炭素	44.01	1.519158	1.977	22.26
プロパン	44.094	1.522057	2.02	21.83
オゾン	48.00	1.656886	2.14	22.43
二酸化硫黄	64.07	2.211598	2.926	21.90
塩素	70.90	2.447359	3.214	22.06
臭化水素	80.908	2.79282	3.644	22.20
ヨウ化水素	127.908	4.415188	5.789	22.10

- 空気に対する比重は分子量を空気の平均分子量 28.97 で割った値である。逆に，空気の平均分子量 28.97 に空気に対する比重を掛けると分子量が得られる。
- 1 mol の質量は (分子量) g なので，これを標準状態の密度で割ると標準状態の 1 mol の体積が得られる。
- 一般に，分子量が小さい無極性分子 (水素，窒素，貴ガスなど) は理想気体に近いので，標準状態の 1 mol の体積が 22.4 L に近くなる。

(「化学便覧 基礎編」(2004) より)

表 **A.17:** 溶解度積と溶解度

化合物	温度 (°C)	溶解度積	溶解度
AgCl	25	1.8×10^{-10}	1.93×10^{-3}
AgBr	25	5.2×10^{-13}	1.35×10^{-4}
AgI	20	2.1×10^{-14}	3.4×10^{-5}
Ag_2S	25	1.5×10^{-44}	1.93×10^{-13}
Ag_2O	25	8.6×10^{-13}	2.2×10^{-2}
Ag_2CrO_4	25	9.0×10^{-13}	3.2×10^{-2}
$BaSO_4$	25	9.1×10^{-11}	2.23×10^{-3}
$CaCO_3$	25	6.7×10^{-5}	0.83
CdS	25	2.1×10^{-20}	2.11×10^{-6}
$Cu(OH)_2$	25	2.6×10^{-3}	2.9×10^{-3}
CuS	25	6.5×10^{-30}	2.44×10^{-13}
$Fe(OH)_3$	–	1.3×10^{-38}	3.6×10^{-8}
HgS	18	2.9×10^{-15}	1.25×10^{-5}
$MgCO_3$	20	9.5×10^{-2}	26
$Mg(OH)_2$	18	4.7×10^{-12}	9.8×10^{-3}
$PbCO_3$	20	$1.7 \sim 4.0 \times 10^{-11}$	$1.1 \sim 1.7 \times 10^{-3}$
PbS	25	$1.7 \sim 3.4 \times 10^{-11}$	$1.0 \sim 1.4 \times 10^{-3}$
$PbSO_4$	25	2.2×10^{-8}	4.52×10^{-2}
$PbCrO_4$	25	2.8×10^{-13}	1.7×10^{-4}
ZnS	–	2.2×10^{-18}	1.43×10^{-7}

- 溶解度は飽和水溶液 $1\,dm^3$ 中に含まれる無水物の質量 g である。
- 溶解度積は溶解度より算出した。　(「化学便覧 基礎編」(2004) より)

表 **A.18:** 固体の溶解度

物質名	溶質	水和水	温度 (°C)							
			0	10	20	30	40	60	80	100
硝酸銀	$AgNO_3$	0	121	167	216	265	312	441	585	733
塩化アルミニウム	$AlCl_3$	6	43.9	46.4	46.6	47.1	47.3	47.7	48.6	49.9
ミョウバン	$AlK(SO_4)_2$	12	3.0	4.0	5.9	8.4	11.7	24.8	71.0	$109^{(90)}$
硫酸アルミニウム	$Al_2(SO_4)_3$	16	37.9	38.1	38.3	38.9	40.4	44.9	55.3	80.5
塩化バリウム	$BaCl_2$	2→1	31.2	33.3	35.7	38.3	40.6	46.2	52.2	60.0^{102}
水酸化バリウム	$Ba(OH)_2$	8	1.68	2.48	3.89	5.59	8.23	20.9	101	–
塩化カルシウム	$CaCl_2$	6→4→2	59.5	64.7	74.5	$100^{30.1}$	$130^{45.1}$	137	147	159
水酸化カルシウム	$Ca(OH)_2$	0 (細粉)	0.19	0.18	–	0.16	0.14	0.12	$0.11^{(70)}$	–
硫酸カルシウム	$CaSO_4$	2→1/2	0.18	0.19	0.21	0.21	0.21^{42}	0.15	0.10	0.07
塩化銅 (II)	$CuCl_2$	2	68.6	70.9	73.3	76.7	79.9	87.3	98.0	111
硫酸銅 (II)	$CuSO_4$	5→3	14.0	17.0	20.2	24.1	28.7	39.9	56.0	$76.7^{95.9}$
塩化鉄 (II)	$FeCl_2$	6→4→2	49.7	$60.3^{12.3}$	62.6	65.6	68.6	78.3	$90.1^{76.5}$	94.9
塩化鉄 (III)	$FeCl_3$	6→7/2	74.4	82.1	91.9	107	150	–	–	–
硫酸鉄 (II)	$FeSO_4$	7→4→1	15.7	20.8	26.3	32.8	$54.6^{56.6}$	$55.3^{63.7}$	43.7	–
ヨウ素	I_2	0	0.14	0.20	0.29	0.39	0.52	1.01	2.30	4.66
臭化カリウム	KBr	0	53.6	59.5	65.0	70.6	76.1	85.5	94.9	104
塩化カリウム	KCl	0	28.1	31.2	34.2	37.2	40.1	45.8	51.3	56.3
塩素酸カリウム	$KClO_3$	0	3.31	5.15	7.30	10.1	13.9	23.8	37.6	56.3
クロム酸カリウム	K_2CrO_4	0	58.7	61.6	63.9	66.1	68.1	72.1	76.4	80.2
二クロム酸カリウム	$K_2Cr_2O_7$	0	4.60	6.61	12.2	18.1	25.9	46.4	70.1	96.9
ヨウ化カリウム	KI	0	127	136	144	153	160	176	192	207
過マンガン酸カリウム	$KMnO_4$	0	2.83	4.24	6.34	9.03	12.5	22.2	$25.3^{(65)}$	–
硝酸カリウム	KNO_3	0	13.3	22.0	31.6	45.6	63.9	109	169	245
水酸化カリウム	KOH	2→1	96.9	103	112	$135^{32.5}$	138	152	161	178
塩化マグネシウム	$MgCl_2$	6	52.9	53.6	54.6	55.8	57.5	61.0	66.1	73.3
塩化アンモニウム	NH_4Cl	0	29.4	33.2	37.2	41.4	45.8	55.3	65.6	77.3
硝酸アンモニウム	NH_4NO_3	0 (斜 → 三 → 正)	118	150	190	238	$245^{32.3}$	418	$663^{84\sim85}$	931
硫酸アンモニウム	$(NH_4)_2SO_4$	0	70.5	72.6	75.0	77.8	80.8	87.4	94.1	102
炭酸ナトリウム	Na_2CO_3	10→7→1	7.0	12.1	22.1	45.3^{32}	$49.5^{35.37}$	46.2	45.1	44.7
塩化ナトリウム	NaCl	2→0	$35.7^{0.1}$	35.7	35.8	36.1	36.3	37.1	38.0	39.3
炭酸水素ナトリウム	$NaHCO_3$	0	6.93	8.13	9.55	11.1	12.7	16.4	–	23.6
硝酸ナトリウム	$NaNO_3$	0	73.0	80.5	88.0	96.1	105	124	148	175
水酸化ナトリウム	NaOH	2→1→0	$83.5^{(5)}$	103^{12}	109	119	129	223	$288^{61.8}$	–
硫酸ナトリウム	Na_2SO_4	10→0	4.5	9.0	19.0	41.2	$49.7^{32.4}$	45.1	43.3	42.2
硫酸亜鉛	$ZnSO_4$	7→6→1	41.6	47.3	53.8	$69.4^{37.9}$	$75.4^{48.4}$	72.1	65.0	60.5

- 水和水の欄に記した矢印は水和水の数が変化することを示し，溶解度の右肩の数値はその転移温度を示す。
- 右肩に ( ) のついた溶解度は，( ) 内の温度における溶解度である。
- データは水 100 g に溶ける溶質の質量 (g) である。

(「化学便覧 基礎編」(2004) より)

表 **A.19:** モル沸点上昇

溶媒	モル沸点上昇	沸点 (°C)	溶媒	モル沸点上昇	沸点 (°C)
水	0.515	100	ショウノウ	5.611	207.42
アセトン	1.71	56.29	水銀	11.4	357
アニリン	3.22	184.40	トルエン	3.29	110.625
アンモニア	0.34	−33.35	ナフタレン	5.80	217.955
エタノール	1.160	78.29	ニトロベンゼン	5.04	210.80
エチルメチルケトン	2.28	79.64	二硫化炭素	2.35	46.225
ギ酸	2.4	100.56	ビフェニル	7.06	254.9
クロロベンゼン	4.15	131.687	フェノール	3.60	181.839
クロロホルム	3.62	61.152	*t*-ブチルアルコール	1.745	82.42
酢酸	2.530	117.90	プロピオン酸	3.51	140.83
酢酸エチル	2.583	77.114	ブロモベンゼン	6.26	155.908
酢酸メチル	2.061	56.323	ヘキサン	2.78	68.740
ジエチルエーテル	1.824	34.55	ヘプタン	3.43	98.427
四塩化炭素	4.48	76.75	ベンゼン	2.53	80.100
シクロヘキサン	2.75	80.725	無水酢酸	3.53	136.4
1,1-ジクロロエタン	3.20	57.28	メタノール	0.785	64.70
1,2-ジクロロエタン	3.44	83.483	ヨウ化エチル	5.16	72.30
ジクロロメタン	2.60	39.75	ヨウ化メチル	4.19	42.43
1,2-ジブロモエタン	6.608	131.36	酪酸	3.94	163.27
臭化エチル	2.53	38.35			

単位は K·kg/mol　　　　(「化学便覧 基礎編」(2004) より)

表 **A.20:** モル凝固点降下

溶媒	モル凝固点降下	凝固点 (°C)	溶媒	モル凝固点降下	凝固点 (°C)
NH_3	0.98	−77.7	クロロホルム	4.90	−63.55
$HgCl_2$	34.0	265	酢酸	3.90	16.66
NaCl	20.5	800	四塩化炭素	29.8	−22.95
KNO_3	29.0	335.08	シクロヘキサン	20.2	6.544
$AgNO_3$	25.74	208.6	四臭化炭素	87.1	92.7
$NaNO_3$	15.0	305.8	m-ジニトロベンゼン	10.6	91
NaOH	20.8	327.6	ジフェニルメタン	6.72	26.3
水	1.853	0	1,2-ジブロモエタン	12.5	9.79
I_2	20.4	114	ショウノウ	37.7	178.75
H_2SO_4	6.12	10.36	ステアリン酸	4.5	69
$H_2SO_4 \cdot H_2O$	4.8	8.4	ナフタレン	6.94	80.290
Na_2SO_4	62	885	ニトロベンゼン	6.852	5.76
$Na_2SO_4 \cdot 10H_2O$	3.27	32.383	尿素	21.5	132.1
アセトアミド	4.04	80.00	パルミチン酸	4.313	62.65
アセトン	2.40	−94.7	ビフェニル	7.8	70.5
アニリン	5.87	−5.98	ピリジン	4.75	−41.55
安息香酸	8.79	119.53	フェノール	7.40	40.90
アントラセン	11.65	213	t-ブチルアルコール	8.37	25.82
ギ酸	2.77	8.27	ブロモホルム	14.4	8.05
p-キシレン	4.3	13.263	ベンゼン	5.12	5.533
p-クレゾール	6.96	34.739	ホルムアミド	3.85	2.55

単位は K·kg/mol

(「化学便覧 基礎編」(2004) より)

表 **A.21:** 触媒の例

触媒	反応例	備考
二酸化マンガン MnO_2	$2H_2O_2 \to 2H_2O + O_2$ $2KClO_3 \to 2KCl + 3O_2$	過酸化水素の分解 塩素酸カリウムの分解
五酸化二バナジウム V_2O_5	$2SO_2 + O_2 \to 2SO_3$	二酸化硫黄の酸化 (接触式硫黄製造法)
白金 Pt	$2H_2 + O_2 \to 2H_2O$ $4NH_3 + 5O_2 \to 4NO + 6H_2O$ $2CH_3OH + O_2 \to 2HCHO + 2H_2O$	常温での水素の酸化 アンモニアの酸化 (オストワルト法) メタノールの酸化 (メタノールを酸化して ホルムアルデヒドをつくる)
銅 Cu	$2CH_3OH + O_2 \to 2HCHO + 2H_2O$ $CO + 2H_2 \to CH_3OH$ ($250^\circ C$, 1.0×10^7 Pa)	メタノールの酸化 (メタノールを酸化して ホルムアルデヒドをつくる) メタノールの合成
四酸化三鉄 Fe_3O_4 鉄 Fe 塩化鉄 (III) $FeCl_3$	$N_2 + 3H_2 \to 2NH_3$ $3C_2H_2 \to C_6H_6$ $C_6H_6 + Cl \to C_6H_5Cl + HCl$	アンモニアの合成 (ハーバー-ボッシュ法) アセチレンからベンゼンの合成 ベンゼンの塩素化
酸化亜鉛 ZnO	$CO + 2H_2 \to CH_3OH$	メタノールの合成
リン酸 H_3PO_4	$C_2H_4 + H_2O \to C_2H_5OH$ ($300^\circ C$, 7.0×10^6 Pa)	エチレンに水を付加させる (エタノールの工業的製造)
硫酸水銀 (II) $HgSO_4$	$C_2H_2 + H_2O \to CH_3CHO$	アセチレンからアルデヒドの合成
塩化水銀 (II) $HgCl_2$	$C_2H_2 + HCl \to CH_2 = CHCl$	アセチレンから塩化ビニルの合成
ニッケル Ni	飽和脂肪酸 (脂肪油) + H_2 → 飽和脂肪 (硬化油)	不飽和油脂への水素付加 (マーガリンや石鹸の原料をつくる)
希酸 (H^+)	多糖 + 水 → 単糖 二糖 + 水 → 単糖 タンパク質 + 水 → アミノ酸	糖の加水分解 タンパク質の加水分解
濃硫酸 H_2SO_4	アルコール + カルボン酸 → エステル + 水 アルコール → エーテル $C_6H_6 + HNO_3 \to C_6H_5NO_2 + H_2O$	エステル化 (脱水作用) ベンゼンのニトロ化 (脱水作用)

(「視覚でとらえるフォトサイエンス 化学図録」(2006) より)

表 **A.22:** 有機化学命名法

アルカン (alkane)	直鎖構造	ギリシャ語の数詞 ＋ 接尾語 アン (ane)	例: CH_4 メタン methane C_2H_6 エタン ethane C_3H_8 プロパン propane C_4H_{10} ブタン butane C_5H_{12} ペンタン pentane C_6H_{14} ヘキサン hexane
	枝分かれ(側鎖)構造	分子の中で最も長い炭素鎖を主鎖とし，相当するアルカンから誘導される化合物として命名する。 側鎖の位置は，主鎖の端からつけた位置番号で示し，この位置番号が最小になるよう番号をつける。 同じ基が複数個あるときは，基の名称にジ (di)，トリ (tri)，テトラ (tetra) など数詞をつける。	2-メチルペンタン 2-methylpentane CH_3 (2位) $CH_3-CH-CH_2-CH_2-CH_3$ 1 2 3 4 5 2, 2, 4-トリメチルヘキサン 2, 2, 4-trimethylhexane CH_3 (2位) CH_3 (4位) $CH_3-C-CH_2-CH-CH_2-CH_3$ 1 2 3 4 5 6 CH_3 (2位) (位置番号は最小にするために，3, 5, 5-ではない)
アルケン (alkene)		アルカン (alkane) の接尾語アン (ane) を，エン (ene) に変える。	1-プロペン (プロピレン) propene $CH_2=CHCH_3$ 1 2 3 1, 3-ペンタジエン 1, 3-pentadiene $CH_2=CH-CH=CHCH_3$ 1 2 3 4 5
アルキン (alkyne)		アルカン (alkane) の接尾語アン (ane) を，イン (yne) に変える。	エチン (アセチレン) ethyne $CH\equiv CH$
アルコール (alcohol)		炭化水素名の e をとり，接尾語オール (ol) をつけて命名する。 ヒドロキシ基が複数個あるときは，オールの前にジ (di)，トリ (tri)，テトラ (tetra) など数詞をつける。	エタノール (エチルアルコール) ethanol CH_3-CH_2-OH 1 2 2-プロパノール OH (2位) $CH_3-CH-CH_3$ 1 2 3 1, 2, 3-プロパントリオール (グリセリン) OH OH OH $CH_2-CH-CH_2$ 1 2 3
エーテル (ether)		酸素原子に結合している 2 個の炭化水素基の名称をアルファベット順に並べ，その後にエーテル (ether) をつけて命名。	エチルメチルエーテル $CH_3OC_2H_5$
エステル (ester)		アルコール部分の炭化水素基とカルボン酸の塩とみなして命名。	酢酸エチル $CH_3COOC_2H_5$

(「サイエンスビュー 化学総合資料」(2007) より)

表 A.23: おもな合成高分子化合物とその性質

分類	名称		略号	単量体	密度 (g/cm^3)	屈折率	熱伝導率 $(10^4 cal/(cm\cdot s\cdot K))$	比熱	融解温度 (°C)
熱可塑性	ポリエチレン	低密度	LDPE	エチレン $CH_2=CH_2$	0.92〜0.93	1.51	7	0.55	98〜115
		高密度	HDPE		0.95〜0.97	1.54	11.0〜12.4	0.55	130〜137
	ポリプロピレン		PP	プロピレン $CH_2=CH-CH_3$	0.90〜0.91	1.49	2.8	0.46	160〜175
	ポリスチレン		PS	スチレン $C_6H_5-CH=CH_2$	1.04〜1.05	1.59〜1.60	2.4〜3.3	0.32	–
	ABS 樹脂		ABS	アクリロニトリル，ブタジエン，スチレン	1.02〜1.06	–	4.5〜8	–	–
	スチレン-アクリロニトリル共重合樹脂		AS	スチレン，アクリロニトリル	1.06〜1.08	–	2.9	–	–
	ポリ塩化ビニル	硬質	PVC	塩化ビニル $CH_2=CHCl$	1.30〜1.58	1.52〜1.55	3.0〜7.0	0.2〜0.7	–
		軟質			1.16〜1.35	–	–	–	–
	メタクリル樹脂		MA	メタクリル酸メチル $CH_2=C(CH_3)COOCH_3$	1.17〜1.20	1.49	5	0.35	–
	メチルペンテン樹脂		PMP		0.83〜0.84	–	4	–	–
	ポリアミド	ナイロン 6	PA(6N)	ε-カプロラクタム			5.85	0.38	210〜220
		ナイロン 66	PA(66N)	ヘキサメチレンジアミン $H_2N-(CH_2)_6-NH_2$ アジピン酸 $HOOC-(CH_2)_4-COOH$	1.07〜1.09	1.53	5.85	0.4	255〜265
	ポリアセタール		POM	ホルムアルデヒド	1.42	1.48	5.5	–	175〜181
	ポリカーボネート		PC	ビスフェノール A ホルスゲン $COCl_2$	1.2	–	4.6	–	–
	ポリエチレンテレフタレート		PET	テレフタル酸 $HOOC-C_6H_4-COOH$ エチレングリコール $HO-C_2H_4-OH$	1.29〜1.40	–	3.5×10^{-4}	0.28	245〜265
	ポリブチレンテレフタレート		PBT	テレフタル酸 1,4-ブタンジオール	1.30〜1.38	–	–	–	220〜267
	ポリテトラフルオロエチレン		TFE	テトラフルオロエチレン $CF_2=CF_2$	2.14〜2.20	1.35	6.0	0.25	–
	フッ素樹脂		ETFE		1.7	–	5.7	–	–
熱硬化性	フェノール樹脂		PF	フェノール C_6H_5OH ホルムアルデヒド HCHO	1.24〜1.32	–	–	–	–
	ユリア樹脂		UF	尿素 $CO(NH_2)_2$ ホルムアルデヒド HCHO	1.47〜1.52	–	–	–	–
	メラミン樹脂		MF	メラミン $C_3N_3(NH_2)_3$ ホルムアルデヒド HCHO	1.47〜1.52	–	–	–	–
	不飽和ポリエステル樹脂		UP	無水マレイン酸，エチレングリコール	1.04〜1.46	–	–	–	–
	エポキシ樹脂		EP	ビスフェノール，エピクロロヒドリン，ジエチレントリアミン	1.11〜1.40	–	–	–	–
	ケイ素樹脂		SI	シランジオール，シラントリオール	0.92〜2.5	–	–	–	–

(「サイエンスビュー 化学総合資料」(2007) より)

索　引

■人　名

■数字・欧文

■ す

■ せ

■ そ

■ た

■ ち

■ て

■監修者

佐藤光史（さとう　みつのぶ）
1977年　東京理科大学理学部化学科 卒業
1982年　東京大学大学院工学系研究科合成化学専攻博士課程 単位取得満期退学
現　在　工学院大学 名誉教授，工学博士

■著　者

髙見知秀（たかみ　ともひで）
1987年　東京大学教養学部基礎科学科 卒業
1992年　東京大学大学院理学系研究科相関理化学専攻博士課程 修了
現　在　工学院大学教育推進機構基礎・教養科 教授，博士（理学）

徳永　健（とくなが　けん）
2002年　京都大学工学部工業化学科 卒業
2007年　京都大学大学院工学研究科分子工学専攻博士後期課程 修了
現　在　工学院大学教育推進機構基礎・教養科 教授，博士（工学）

永井裕己（ながい　ひろき）
2004年　工学院大学工学部応用化学科 卒業
2009年　工学院大学大学院工学研究科化学応用学専攻博士課程 修了
現　在　工学院大学先進工学部応用物理学科 准教授，博士（工学）

桒村直人（くわむら　なおと）
2006年　大阪市立大学理学部化学科 卒業
2011年　大阪市立大学大学院理学研究科物質分子系専攻後期博士課程 修了
現　在　工学院大学教育推進機構基礎・教養科 准教授，博士（理学）

2013年 3月28日 初 版 発 行
2024年 12月25日 新 版 発 行

新版 大学生の化学
── Introduction ──

監修者 佐 藤 光 史

著 者 髙 見 知 秀
徳 永 健
永 井 裕 己
桒 村 直 人

発行者 山 本 格

発行所 株式会社 培 風 館
東京都千代田区九段南 4-3-12・郵便番号 102-8260
電 話 (03) 3262-5256(代表)・振 替 00140-7-44725

三美印刷・牧 製本

PRINTED IN JAPAN

ISBN 978-4-563-04644-6 C3043